国家重点研究与发展计划“云计算与大数据”
专项课题（2018YFB1005100）

自然语言结构计算

意合图理论与技术

荀恩东◎著

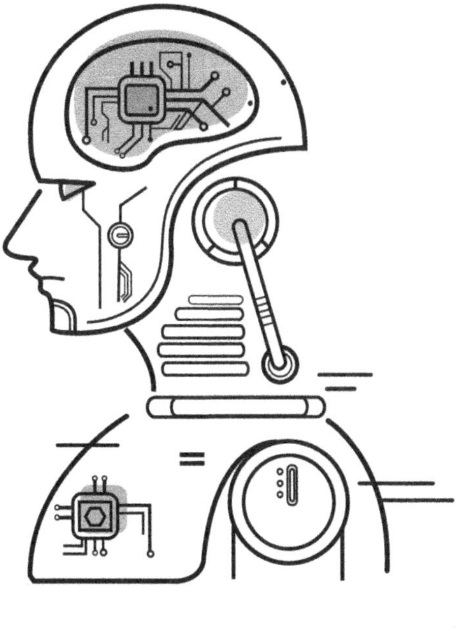

人 民 邮 电 出 版 社
北 京

图书在版编目（CIP）数据

自然语言结构计算 ： 意合图理论与技术 / 荀恩东著
. -- 北京 ： 人民邮电出版社, 2023.2
（AI自然语言处理）
ISBN 978-7-115-60567-2

Ⅰ. ①自… Ⅱ. ①荀… Ⅲ. ①自然语言处理 Ⅳ.
①TP391

中国版本图书馆CIP数据核字(2022)第235737号

内 容 提 要

针对汉语，本书提出了意合图语义表示的方案。意合图可以描述汉语的事件结构和实体结构。其中，事件结构是考察重点，定义了事件的构成要素，包括核心论元、边缘论元和情态信息等。意合图可以将句子、段落、篇章等不同层级的语言处理对象进行一致性的形式化描述。基于网格的语言结构分析框架（Grid based Language Structure Parsing Frame Work，GPF），本书采取了构造意合图的中间结构策略，即从语法的组块依存结构转换为语义的意合图。如何构造意合图一些典型子任务，本书对此给出了 GPF 实现示例。

本书适合自然语言处理、计算语言学，以及与语言学本体研究有关专业的学生当作教材，也可以作为高等院校人工智能、信息科学研究、大数据分析等相关专业的参考书，还适合对汉语句法语义分析与应用感兴趣的人员阅读。

◆ 著　　　　荀恩东
责任编辑　刘亚珍
责任印制　马振武
◆ 人民邮电出版社出版发行　　北京市丰台区成寿寺路 11 号
邮编　100164　　电子邮件　315@ptpress.com.cn
网址　https://www.ptpress.com.cn
固安县铭成印刷有限公司印刷
◆ 开本：700×1000　1/16
印张：15.75　　　　2023 年 2 月第 1 版
字数：336 千字　　　　2023 年 2 月河北第 1 次印刷

定价：88.00 元

读者服务热线：(010)81055493　印装质量热线：(010)81055316
反盗版热线：(010)81055315

推荐序

一个具有认知智能的计算系统，知识是核心。知识一般包括表示知识、获取知识和应用知识 3 个方面。自然语言是人类认知的工具，自然语言处理是典型的认知智能，其主要任务也是解决有关知识的 3 个方面的问题。

自然语言是符号系统，一个词、一句话和一个段落的表达，不管长短，都是符号的序列。自然语言处理的核心是语义理解，即理解符号后面所表达的意义。

如何表示语义知识、如何获取支持语义分析的知识、如何设计和实现应用语义知识的算法或策略，这些都是自然语言处理中重要的问题。

其中，语义知识包括语义分析结果的知识表示和过程中运用到的知识表示。目前，深度学习方法是自然语言处理的主流方法，采用的是数据驱动、端到端解决问题。语义分析结果中的知识表示直接关联到任务的目标。语义分析过程中的知识表示蕴含在神经网络中，并通过网络参数计算来实现隐式知识的运用。

当前，预训练大模型成为自然语言处理研究的热点，从语言大数据中训练得到的语言模型，其性能达到之前的方法难以企及的精度，学术界和产业界正在深入挖掘预训练大模型潜能，寻找通用的方法，解决自然语言处理中的各种问题。

深度学习方法取得巨大成功，同时也遇到较多问题。这些问题主要包括可解释性、可控性数据标注和算法代价等。这些问题得到学术界的普遍关注和讨论，可以设想，在预训练大模型红利挖掘到极致以后，这些问题必然成为新的研究热点。

荀恩东教授撰写的《自然语言结构计算——GPF 结构分析框架》《自然语

言结构计算——BCC 语料库》《自然语言结构计算——意合图理论与技术》3 本图书，涉及自然语言处理有关语义知识的 3 个方面。这 3 本图书的核心内容包括意合图作为语义分析结果的一般表征；北京语言大学语料库中心（Beijing Language and Culture University Corpus Center，BCC）语料库系统，从语言大数据中挖掘语言知识；利用基于网格的自然语言分析框架（Grid based Parsing Framework，GPF）进行语义计算。

其中，意合图中包括事件结构、情态结构和实体间的关系结构，意合图也把各个层级的语言处理对象，包括词、短语、句子和篇章等做了一致性表示，意合图理论把语义表示，尤其针对汉语的语义表示推向一个新的高度。

BCC 语料库及技术支持从语言大数据中检索和挖掘知识，具有较为突出的特色和专长。它可以非常高效地从海量的、带有层次结构信息的大数据中挖掘语言知识，BCC 语料库的查询表达式形式简约、功能强大。荀恩东教授在过去近 10 年的时间里，把 BCC 语料库默默地开放，供学术界免费使用，如今，它已经成为语言学领域的相关学者首选的在线语料库。

GPF 在系统地论述语言结构和分析方法的基础上，创造性地提出了基于知识的语言结构分析方法，把语言结构分析泛化表示为图的计算，把图的顶点和边泛化表示为语言单元和关系。采用网格结构把语言单元和关系内含其中，这种方式既简单又直接，为语言分析、知识计算提供了新的工具和思路。GPF 的泛化可编程计算框架具有较好的包容性，它可以融合深度学习的参数计算和基于符号的知识计算，这样的处理方法为自然语言处理研究和应用提供了新的研究思路和编程框架。

我和荀恩东教授曾经是哈尔滨工业大学（以下简称哈工大）的同学、微软亚洲研究院的同事，又长期在同一个研究领域工作，至今相识相交了 20 余年。哈工大是工程师的摇篮，在与他一起工作的多年中，我一直认为他是科研领域工匠精神的代表，他对编写程序的痴迷、软件开发的超强功力，在我身边的朋友中无出其右。目前，他已 50 多岁，仍然坚持写代码，在中国现有大学计算机相关的学院中，是非常罕见的！尤其他还是学校的教授、院长，平时要承担繁重的教学、科研任务，担负重要的行政职责，他的职业精神，更是难得。

近年来，我对荀恩东教授有了全新的认识，可能是环境的浸润，在北京语言大学浓厚的文化氛围的影响下，他从学理上对语言的奥秘产生了浓厚的兴趣，并持之以恒深入探究。也可能是随着年龄的增长，他的内心变得愈发沉静、洒脱，能够在日常事务之余静下心来，系统地总结、梳理面向自然语言处理的语言知识结构，多年来的心血凝结为沉甸甸的 3 本图书。同时，他深厚的计算机工程底蕴决定了他写的图书是文科与工科交叉的，是从自然语言处理工程实践中总结提炼的问题和方法，这是有别于一般语言学家的著作的。另外，他在 3 本图书中体现出来的创新精神，也令我赞叹，面对中国的语言文字，他的图书体现了中国学者的气派和自信。

总之，我认识的荀恩东，从一名工程师成为一名文科与工科交叉的学者，我衷心地祝愿他写的 3 本图书中所贡献的学术思想和专业知识能够给自然语言处理领域的学者、工程师带来启发。

荀恩东教授出版 3 本关于计算语言学图书的事情，让我联想到哈工大计算机专业有一位老校友鲁川先生。他 1961 年毕业，是中国中文信息学会计算语言学专委会首任主任，他出版了专著《汉语语法的意合网络》，该书被语言学家胡明扬认为是计算机专家写的第一部现代汉语语言研究方面的著作。哈工大计算机人求真务实，尊重自己对学术的兴趣，勇于突破“文工”的学科边界，这种精神、这种做法，值得赞赏、值得传承。

哈尔滨工业大学教授

刘挺

2022 年 6 月 13 日

作者序

1994 年，在本科毕业 4 年后，我重回哈尔滨工业大学（哈工大）读研，从本科的工程力学专业转为计算机科学与工程专业，进入自然语言处理领域。人生总有些事不那么符合逻辑，但它真实地发生了。不擅长说、不擅长写、语言能力较弱的我，职业生涯却与语言结下不解之缘。

2003 年，我博士毕业 4 年后，做了距离语言更近的选择，进入北京语言大学当老师。我当时的想法是，利用自己在语言、语音领域的专业技能和经验，投身语言教育技术的研究和开发。之后的 10 多年，我主持研发出多种语言辅助学习软件，帮助留学生学习汉语，包括语音评判、汉字书写、作文评判、卡片汉语等。

从 2007 年开始，我断断续续开发了多个语料库系统，这些语料库包括动态作文语料库检索系统和 BCC 语料库系统。目前，这两个语料库系统不间断地为用户免费提供了 15 年的在线服务。BCC 语料库系统已经成为语言学研究必不可少的语料库工具之一。

从 2014 年开始，我在教育技术方面没有再进行新的尝试，重新回到自然语言处理的研究方向，重点研究汉语的句法语义分析。直到 2020 年年底，我受学校征召开始研发国际中文智慧教学平台。

2015 年，我申请到了一项国家社科基金重点项目，题目为汉语语块研究及知识库建设。2015 年，北京语言大学成立了语言资源高精尖创新中心，在该中心经费的支持下，设立了“句法语义分析及其应用开发”的课题，我研究和开发的兴趣从教育技术彻底转到了句法语义分析。当时的基本想法是，深挖语言学中可以借用的理论和方法，结合大数据和深度学习方法，在汉语句法分析阶段淡化词的边界，探讨生成以语块为单位的句法结构；同时，借助句法分析结构和大规模语言知识资源，打通句法到语义的通道，完成深度语义分析的目标；试图在不进行语义标注的前提下，研发具有一般性的语义分析框架。在领域应用时，借助领域知识，通过符号计算，完成语义分析的应用落地。

我坚持当时的初衷，一路走到现在。“自然语言结构计算”系列图书阶段性地总结了这些年来的工作，其目的有3个：一是为自己，梳理已有的工作，出版图书作为我们团队的工作手册，以此为起点，再启航、再前行；二是为同行，分享这些年来我的工作成果，请同行或批判、或借鉴；三是为学生，这一系列图书作为新开设的“自然语言结构计算”课程的参考书，助力学校培养具有语言学素养的自然语言处理人才。

其中，《自然语言结构计算——GPF 结构分析框架》介绍了一种以符号计算为总控的可编程框架。该框架在总结汉语句法语义分析工作的基础上，抽象出支持一般性语言结构计算的方法。该框架具有通用性和开放性的特点，可用于分析自然语言的语法结构、语义结构和语用结构，而不是仅仅服务于意合图的生成。

《自然语言结构计算——意合图理论与技术》介绍了意合图这一语义表示体系、生成意合图的中间句法结构——组块依存结构，以及如何利用《自然语言结构计算——GPF 结构分析框架》中的计算框架生成意合图。

《自然语言结构计算——BCC 语料库》介绍了 BCC 相关的工作，即如何从语言大数据中进行语言结构检索和知识挖掘，重点解析了 BCC 语料库检索技术、BCC 在线语料库服务，以及如何利用 BCC 语料库进行语言知识获取等。

这些年，我在学校外面做学术交流，当别人知道我是来自北京语言大学的老师，他们会惯性地认为我是做语言学研究的学者，但是实际情况并非如此。我在北京语言大学工作的 20 多年，虽然没有做语言学本体相关的研究工作，但深受语言学的影响和启发。

在北京语言大学，一个语言学家聚集的地方，经常有机会接触到不同方向的语言学学者。在学校，几乎每周都有语言学相关的报告、讲座。在不断的熏陶之下，我开始深入学习语言学研究的各个方向，并思考能否借鉴语言学的观点和方法来解决自然语言处理的问题，尝试做好语言学和计算机深入结合的工作。

在北京语言大学做讲座、做报告，我经常遇到学生提问这样一个问题：语言学能否助力自然语言处理？我每次给学生的答案都是肯定的、毫不犹豫的，语言学是一定可以助力自然语言处理的。但是，语言学怎样助力自然语言处理？学术界一直在探索合适的方法和路径。从之前的统计与规则结合，到现在的深度学习与知识结合，尤其是当统计或深度学习遇到瓶颈的时候，这一直是热门话题。实际上，目前，自然语言处理并没有从博大精深的语言学中获得足够的科学理论和方法的支持。

语言学是道，自然语言处理是术。道术不可分，从事两个领域研究的学者关注点不同。少量的学者跨越两边，何其幸运，我算是其中之一。在北京语言大学工作久了，外面的人都把我当作研究语言学的学者。这些年，人工智能（Artificial Intelligence，AI）、深度学习受到追捧，自然语言处理（Natural Language Processing，NLP）也随着深度学习算法不断优化，NLP 吞入的数据量越来越大，发展速度越来越快，进入 NLP 这个领域的学者和开发人员也越来越多，但是语言学的声音却越来越少。我作为一个地道的工科男，身在北京语言大学，脱离“主流”，专心研究知识和符号计算，探索汉语语义的分析技术和方法，有失有得。我“得”的是可以沉下心，坚持做一件事。

句法分析是在形式上研究语言的语法结构。不同语言学观点有不同的语法结构理论，哪种结构好，哪种结构不好，如果脱离句法分析的目标，那么将是没有意义的辩论。相比句法分析，语义分析是在内容或意义层面的研究。那么语义又是什么样子的呢？也就是说，怎样表示语义，这是首先要回答的问题。语义分析的目标在于解决应用场景问题，在这个目标的引导下，探索应用场景中投入产出比最大的语义分析方法。

总结下来，这些年我努力的方向包括挖掘语言学助力自然语言理解的理论和方法；在深度学习最新进展的基础上，引入知识，让知识发挥主导作用；研发一个通用的符号计算框架，该框架既可以作为团队的研究平台，又期望它能够解决更多应用场景的问题。

我研究这一领域的工作是从语义表示开始的。在自然语言实际应用场景中，无外乎考察两类对象：一类是实体类型的对象；另一类是事件类型的对象。其中，实体类型的对象内部涉及组成、属性，外部涉及实体充当的功能、实体间的关系；事件类型的对象涉及发生的时空信息、关联的实体对象、情感倾向、事件间的关系等。我提出采用意合图来表示这些内容，意合图是一种单根有向无环图。在意合图中，以事件为中心，实体的性质主要通过在事件中充当的角色来体现。

生成意合图，我们采用了中间结构策略，即借助语法结构生成语义结构。具体来说，采用组块依存结构作为中间结构，建立句法语义接口，为语义分析提供结构信息。组块作为语言句法阶段的语言单元，既符合语言认知规律，也呈现了语言的浅层结构，突出了述谓结构在语言结构中的支配作用，便于从句法结构到语义结构的转化。

我们采取基于数据驱动的方式生成组块依存图。为了构建训练语料，2018年，我们启动了建设组块依存图库工作，这项工作一直持续到现在。我们主要选取了新闻、专利文本、百科知识等领域的语料，且在语料中保留了篇章结构信息，并采取人机结合方法进行语料标注；采取了增量式策略，即采取了先粗后细、先简后繁，先易后难的策略。到目前为止，标注经历了3个阶段，标注规范每次都会做相应的迭代。这样的好处是随着工作的推进，我们对意合图的理解不断加深，在调整组块依存图时，不至于产生较大的问题，组块依存可以更方便地为生成意合图提供句法结构支持。

语义分析需要语言知识，获取知识是非常重要的工作，研发目标不仅可以从语法大数据中获取句法知识，同时也可以获取语义知识，利用BCC语料库工具，从组块依存结构大数据中获取这些知识。为了得到组块依存大数据，我们采用了深度学习方法，在人工标注的多领域组块依存数据上训练组块依存分析模型，然后利用该模型对1TB的数据进行组块依存结构分析，形成带有结构信息的组块依存结构大数据，将其作为知识抽取的数据源。BCC语料库工具支持脚本编程，为了方便使用，我们定义了一套适合知识挖掘和检索的语料库查询表达式，用一行查询表达式可以表示复杂检索需求。BCC语料库工具和组块依存结构大数据发挥了很大的作用，多位研究生和博士生利用这一工具和数据完成了毕业论文，同时他们在完成毕业论文的过程中也为意合图的研发贡献了数据。

GPF 框架是我历时 8 年不断打磨的成果。我最初的目标是开发一个符号计算系统，用来生成意合图。这个符号计算系统可以利用语言知识，实现从组块依存结构到意合结构的转换，实现句法语义的连接。在工作中，我越来越感受到这个符号计算系统本质上就是在做语言结构的计算，只不过这里的结构不仅是语言的语法结构，也可以是语义结构，还可以是语用结构，即语义分析落地应用生成的应用任务的结构，例如，文本结构化目标等。

在计算和应用意义上，语言结构概念的一般化，用来描述自然语言在语法、语义和语用三个平面各类层级的语言处理对象，语言对象可大可小，小到词的结构，大到篇章的结构。在结构计算时，不失一般性，语言对象采用图结构，聚焦在语言单元、关系及属性上。这里的属性可以是单元的属性，也可以是关系的属性。语言对象采用了网格结构作为计算结构，用来封装语言单元、关系和属性，采用脚本编程，支持结构计算全过程。我将该语言结构计算框架称为 GPF。

综上所述，我把过去多年的语义分析工作总结为 3 本图书，即 3 本以“自然语言结构计算”为核心的图书，这 3 本图书之间互有关联，又自成体系。语义分析没有终点，作为阶段性工作总结，这 3 本图书有一些不成熟、不完善的内容，我们会继续努力，不断推进工作，有了新成果就会持续修订相关内容。

最后，这 3 本图书是我们团队工作的成果，包含每位实验室同学的贡献，尤其是在写书的过程中，多位同学持续努力、不畏艰辛，付出很多。其中，王贵荣、肖叶、邵田和李梦 4 位博士生为了写书，大家一起工作半年多。另外，王雨、张可芯、翟世权、田思雨以及其他在读或已经毕业的我的学生们也为书稿贡献很多，在此致以真诚的感谢。

荀恩东

2022 年 10 月 18 日

前言

自然语言处理的难点是语义理解，语义理解也称为语义分析，它是认知智能的核心内容。语义分析按照分析过程是否应用了认知策略，可以分为两类：一类是数据驱动的语义分析，它以完成实际应用任务为目标，通过数学模型实现类人理解的结果，求解过程不遵从人的认知，而把人的认知蕴涵在参数化计算过程中；另一类是基于认知的语义分析，即从学理上研究类人的语义表示，借助人类总结的知识，参照人的认知过程，实现对语义的理解。

面向任务的语义分析解决的问题相对简单，而且语义分析的结果可形式化，通常采用端到端的深度学习方法来完成。近年来，基于大数据的预训练模型，在任务式语义理解中展现出不同以往的方法和性能，例如，语义角色标注任务等。同时，深度学习模型的弊端越来越凸显：一方面，数据决定了深度学习模型的能力，数据具有稀疏的特性，如果数据不足，则会导致信息缺失，也会导致深度学习无法支持深度语义理解；另一方面，数据驱动的方法采用优化计算，深度学习模型参数是对数据的拟合结果，没有类人的认知推理过程，因此，存在过程不可控、结果不可解释等问题。

本书将重点讨论基于认知的语义分析，探讨语义的形式化表示，采用知识实现类人的认知能力。本书在梳理和借鉴前人工作的基础上，提出了意合图语义表示方案。意合图描述了事件结构和实体结构。其中，事件结构是考察重点，以事件词作为事件结构的形式代表，围绕事件词定义了事件的构成要素，包括核心论元、边缘论元和情态信息等，同时引入了隐事件类型，增强了语义表达的能力。意合图可以将句子、段落、篇章等不同层级的语言处理对象进行一致性的形式化描述。

从理论研究的角度，意合图表征了自然语言语义的一般结构，体现了诸多语义层面，包括实体结构、事件结构和情态信息等。而在实际的自然语言语义分析任务中，不是关注语义的所有层面，而是关注意合图的部分结构。例如，把焦点放在实体结构进行实体知识挖掘、把焦点放在实体关系进行知识图谱的构建、把焦点放在事件论元结构给出事件发生的时空主题等要素，也可以把焦点放在事件的情态信息进行情感计算等。在这些具体应用的不同任务中，定义的关系标签也不相同。基于 GPF 语言结构分析框架，本书给出了生成意合图各个部分结构的方法。

语义分析是从语言的形式出发，揭示语言的内在概念的过程，语言的形式结构与表达的语义内容相关，我们采用了从结构到语义的分析策略。语言的语法结构相对语义结构不仅具有稳定性，而且有很好的研究基础，因此，本书探讨了借助语法结构生成语义结构的方法。句法上以述语为中心的语法结构与语义上以事件词为中心的事件结构具有同构性，同时，为了避免分词带来的歧义问题，我们以组块为语言单元进行组块依存分析，生成组块依存图，在组块依存图中，以述语为中心形成自足结构。该自足结构不仅与意合图中的事件结构具有同构性，而且为生成意合图提供了便利。

深度语义分析是一个复杂的任务，往往需要多视角、细颗粒度的知识来支持算法决策，除了语法结构这种基础的语言知识，还有许多不同类型的知识。这些不同类型的知识包括词汇语义知识、词语搭配知识、事理知识、情感知识等。如何利用这些知识完成计算是语义分析的关键。GPF 将不同类型知识贡献的信息均视为顶层特征，通过组合策略参与语义计算，由 GPF 协同完成各类知识的应用。

自然语言的深度语义解析是非常具有挑战性的一个研究方向，相关研究工作虽然已经取得了较大进展，但面对实际场景的分析，仍然任重道远。本书是我们团队在此研究方向上多年探索工作的总结，这些总结还有一些瑕疵和不足，航程虽遥远，但我们已出发。在此，我衷心期望本书能够为相关领域的研究和应用提供一个新的思路和方法，同时，期望有机会与业内人士一起推进语义分析相关工作。

本书共 6 章，第 1 章介绍了语义、语义表示及语义知识相关的内容，重点说明了从句法到语义的中间结构——组块依存。

第 2 章阐述了组块依存语法，主要包括意合图中以组块作为中间结构的优势、组块的定义及分类体系、组块依存图的表示及组块依存图库的构建。

第 3 章论述了意合图的表示理念、意合图的表示体系，重点分析了意合图中的事件结构。

第 4 章说明了意合图分析的设计理念与意合图中的语义分析任务。

第 5 章从 GPF 中的网格计算、知识计算、有限状态自动机与数据接口 4 个方面介绍了 GPF 意合图的实现框架。

第 6 章从意合图词内事件结构识别、从组块依存结构变换为词依存结构、事件词识别、事件情态结构分析和事件论元结构分析的应用示例出发，介绍了意合图语义分析的具体实践。

目 录

第 1 章
绪论

“自然语言结构计算”系列图书中提到的自然语言结构是一个广义的概念，首先，自然语言结构处理的对象是多层级的，包括简单句、复句、篇章等；同时，也覆盖多层面的结构，包括语法结构、语义结构和语用结构等。其中，《自然语言结构计算——GPF 结构分析框架》一书介绍了一个可编程的、开放性的语言结构分析解决方案，该方案具有一定的通用性，可以进行词法分析、句法分析、语义分析等；《自然语言结构计算——BCC 语料库》一书介绍了一种结构分析中知识获取的方法；《自然语言结构计算——意合图理论与技术》聚焦语义分析，介绍一种语义表示方法——意合图，以及如何借助 GPF 结构分析框架，利用组块依存图这种语法结构，通过多源知识生成意合图，为语义分析提供一种新的思路。

1.1 语义

语义是语言的意义，本书中的语言是指文本形式的自然语言，语言是一套符号系统，语义是借助这套符号系统来表达具体内容。语义要做到可计算，必须先将其做形式化处理，形式化处理也需要借助一套符号系统来完成，由此可见，这里存在两套符号系统，语义分析就是从一种符号系统转为另外一种符号系统的过程。

语义涉及主观的认识。主观的认识的角度不同，对语义的定义也会不同。本书从计算的角度出发，将语义定义为语言的概念结构，即计算机以自然语言符号作为输入，输出一种概念结构来表示语义，进而反映现实世界的事物。现实世界的事物包括客观世界和主观世界的事或物的含义和关系。语义三角形如图 1-1 所示。

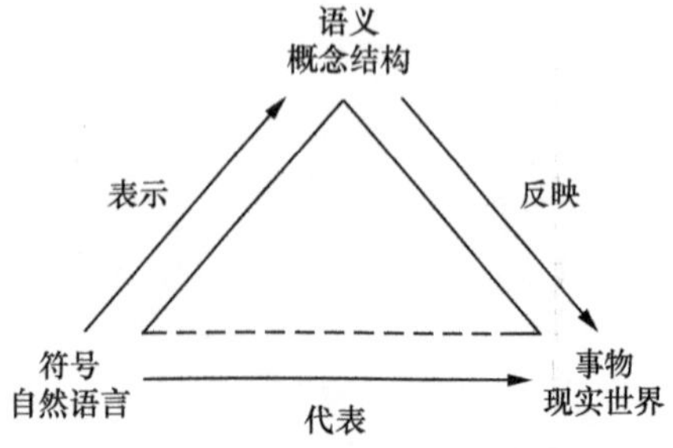

图 1-1 语义三角形

1.1.1 语言与概念结构

语言可以分为自然语言和人工语言两种。其中，自然语言是在人类发展过程中约定俗成的，是人类交际、交流和认知的工具；人工语言是为特定目的设计的一套符号系统，通过定义符号间的组合规则来表示内容，完成特定的功能，人工语言最典型的特点是没有歧义。在语义理解中，语义表示或语义分析的对象是自然语言。语义理解的本质就是自然语言到概念结构这种人工语言的映射。

自然语言的外在形式是符号化的线性序列，通过符号序列反映内在的概念结构。一般情况下，自然语言的符号序列由多个词接续构成，词按照语法功能分为实词和虚词两种，词按照语义功能分为实体词、时间词、情感词等。在形式上，自然语言通过语序和虚词组织在一起，呈现一维线性的特点；在内容上，自然语言的内在概念结构则是二维的，它可以包含一个概念或多个概念，而这些不同概念之间可能具有某种关系，形成意义网络。

在计算背景下，语义概念结构也是用符号组成的。概念的符号化有用词表示、用词的义项表示、用义原表示和用术语表示 4 种表示方案。

1. 用词表示

自然语言中承载意义的最基本单位是词，是最直接的一种概念的符号化表示。需要说明的是，一词多义的现象普遍存在，导致用词表示的概念结构目前无法做到无歧义。

2. 用词的义项表示

词在用于上下文之前，可能有多个义项，用于上下文之后才可以确定。因此，用词的义项表示概念，在语义分析时，前期工作包括词的歧义消解，即利用上下文，确定词的义项。形式上，词的歧义消解的结果可以在词基础上加上义项标识符号来表示。

3. 用义原表示

构成词义的最基本单位是义原，义原也称为义素。词的义项可以是一个义原或多个义原的逻辑组合，采用义原进行概念表示的前提是构建一套稳定的义原系统，并为每个义原赋予无歧义的符号，最后将义原结构组装成语义的概念单元。

4. 用术语表示

词语虽然是多义项的，但在给定领域的背景下，有些词语是具有稳定的含义的，即义项是明确的、形义一体的术语。用术语表示的概念可以消除交流中带来的歧义等问题。

相同的概念结构可以用多种自然语言表达，如果自然语言是形式结构，那么概念结构就是逻辑结构，概念结构呈现相对稳定、抽象的特点。语义分析的任务就是计算机接收多种形式的自然语言表达，通过计算，最后形成归一化的逻辑表达。

概念的逻辑结构虽然与语言形式的语法结构是两种不同的结构类型，但二者之间有着密切的关系。例如，在语法上，指称和陈述通常对应体词性成分和谓词性成分；在语义上，体词性成分与事物概念紧密关联，谓词性成分通常表达特定的过程、性质、状态等。在某些条件下，语言中的体词性成分也可以具有陈述功能，谓词性成分也可以表示人或事物名称，具有指称功能。因此，语义分析可以借助语言外在的语法功能分析其内在的概念结构，即可以利用句法信息为语义分析提供帮助。

1.1.2 概念结构与事物

在语义的概念结构中，概念可以是现实世界中的万事万物，概念和概念之间的关系体现为世界上的万事万物之间的联系，事或物可以是抽象的，也可以是某一时空下具体的事或物。

对于事，用概念结构来指代事件的各个层面。事件也分为抽象事件和具体事件两种。其中，抽象事件很难用统一的视角对其分类，形成类似实体的分类体系，但具体事件通过聚类可以形成抽象事件。具体事件可以通过事件结构表述其自身的各个方面，例如，通过事的发起者、作用对象、发生的时空信息、事件带有的情感表达等来表述一个具体事件的各个层面。

对于物，用实体来指代概念，通常对应实体的概念符号与语言符号一致。实体可以是抽象的不定指，也可以是具体的定指。实体可以指物的集合，也可以指确定的实体对象。在一定视角下，同质的实体可以通过枚举聚成一类，万物之间的关系体现在不同类之间。例如，上下位关系、整体部分关系、属性—

属性值关系等。实体聚类与其他类构建关系，反映实体的性质，也可以通过实体所在语言的上下文，给出实体的更多信息，这些信息包括数量、时间和空间等，这形成实体的属性结构。

对于现实世界中事物之间的联系，这种联系在概念结构中体现为概念和概念之间的关系，具体包括物和物之间的关系、事和事之间的关系、事和物之间的关系。物和物之间的关系在语言表达中体现为实体之间的关系；事和事之间的关系在语言表达中体现为事件结构之间的关系；事和物之间的关系在语言表达中体现为事件和实体之间的关系。

1.2　语义表示

1.2.1　语义表示的对象

语义分析的目标是将输入文本进行计算，输出文本对应的概念结构，即语义分析是文本结构化的一个过程。结构化的方案即为语义表示，它是一个形式化体系。语义表示的基础性工作是确定概念体系，包括定义词语的义项、术语表，以及它们之间的本体关系等。语义表示不仅是语义分析的起点，也是语义分析的终点。语义分析根据形式化方案确定知识形态和计算方法，通过对输入文本的分析最终实现语义表示方案的实例化。

自然语言的概念结构可以分为不同的层级，概念结构的层级体系如图 1–2 所示。在图 1–2 中，最上层的概念结构为事件间结构，事件间结构由多个事件结构构成。事件结构又可以进一步分为事件实体结构和事件情感结构两种。各个层级的结构连接在一起，构成语义信息图。概念结构就是事件、实体以及事件实体之间的关系构成的一个语义图，并将事件、实体、事件和实体之间的关系带有的信息分别纳入各自的属性中。

综上所述，语义表示的对象可以确定为单元、关系、属性。其中，单元即承载语义的实体或事件；关系即概念结构中类与类之间存在的一种联结方式，在具体场景下，体现为实体和实体、事件和事件，以及实体和事件的联系；属性即上下文中单元和关系所具有的特征。

由此可知，语义分析是将输入文本转化为语义图的一个过程。这个过程是，输入待分析文本，识别语言单元与单元类型，即识别实体和事件词，进一步利用上下文，构建带有语言单元、语言单元之间的关系及各自属性的语义图。概念结构示意如图 1–3 所示。

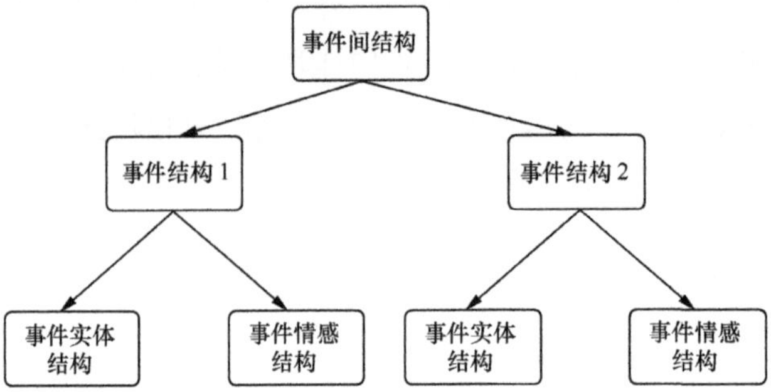

图 1–2　概念结构的层级体系

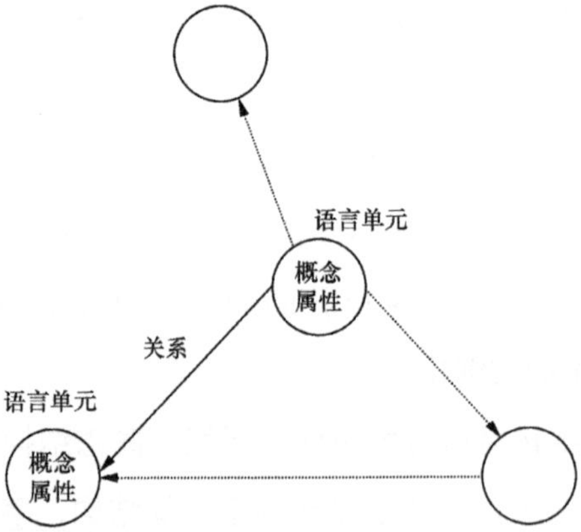

图 1–3　概念结构示意

1.2.2　语义表示的原则

语义的主观性决定了语义表示不存在唯一性，也不存在最好的表达。但设计语义表示需要遵循一些原则，一个好的语义表示方案能够在语言、计算、应用之间有效平衡，该方案需要具有以下特点。

1. 有语言学理论支撑

好的语义表示方案对句子语义能够进行充分表示，但不追求对语言及特殊语言现象的完美表示。

2. 形式化可计算

一个句子的语义表示可以对其进行计算，也可以通过计算的方法生成一个句子的语义表示。

3. 便于应用落地

能否与应用对接，能否很好地适应应用场景，是衡量一个语义表示方法好坏的重要方面。如果不能与应用对接，那么再完美的语义表示方法，也是无用的，无法带来实际价值。

1.2.3 意合图语义表示

意合图的目标是描述客观世界的实体和事件，将文本的语义表示为以事件为中心的语义表征图，这种语义表征图可以表示事件与实体、事件与事件、实体与实体之间的语义关系。意合图语义表示方案在设计时，不仅要平衡语言、计算、应用 3 个方面的诉求，还要兼顾“句法上合法、语义上合理、语用上合适”的语言表达习惯。意合图语义表示具有以下 3 个方面的显著特点。

1. 以事件为中心

意合图语义表示重点刻画了事件结构，以事件词作为事件结构的形式代表，围绕事件词定义了事件结构的构成要素。这些构成要素包括主论元、边缘论元和情态信息等。需要说明的是，不同的事件结构之间也可以建立联系。事件结构中的事件词可以是显性的，也可以是隐性的。其中，显性事件词一般在输入文本中有语言符号与之对应，直观地表达了语言中的核心语义；隐性事件词是人为定义的隐性事件类型，表达的语义信息更深入细致，可以使意合图连接得更充分。

2. 层次性的语义表示体系

意合图语义表示围绕事件结构定义了多层级语义结构，多层级语义结构具体表现在以下 3 个方面。

（1）事件间结构

事件间结构是指事件与事件之间的关系，例如，两个事件之间具有因果、并列、转折等关系。一个事件充当另外一个事件的论元，即“事件—论元”关系，两个事件共享某一个论元等。

（2）事件内结构

事件内结构是指事件内部的结构，包括“事件—论元”关系和“事件—情态”关系两种。其中，“事件—论元”关系又分为“事件—主论元”和“事件—次论元”关系；“事件—情态”关系可以分为“事件—时态”关系和“事件—情感”关系等。

（3）实体结构

实体结构一般不单独存在，是事件结构的一个论元，充当事件的某种语义角色。需要说明的是，实体本身具有属性结构，该属性结构描述实体的各个层面的语义信息，例如，数量、出处等。

3. 一体化的语义表示体系

意合图以一体化的语义表示体系来说明多种层级的语言单元的语义结构。意合图不仅可以描述句子内的事件，也可以构建句子间的事件关系，进而描述段落、篇章等复杂语言单位的事件结构。句子层面，重点用“事件—论元”结构、“事件—情态”结构表示语义；复句和篇章层面，多事件构成事件链，事件间具有因果、条件、顺承和转折等关系。同时，复句和篇章层面，实体之间可以有多种关系，这种实体关系包括代词的指代关系、实体链接关系、属性宿主关系和整体部分关系等。

1.3 语义知识

语义知识是指服务于语义分析的具体内容。计算机利用知识，把自然语言解析为包含实体和事件信息的概念结构，实现语义表示方案的实例化。本书利用词汇和搭配等知识生成意合图。

1.3.1 语义知识类型

语义分析中需要用到的知识包括语言知识、领域知识和世界知识等。这些知识从形态的角度可以分为显性知识和隐性知识两种。

1. 显性知识

显性知识是用符号表示的知识，主要包括体系类知识、词典类知识、关系类知识 3 种，具体介绍如下。

（1）体系类知识

体系类知识描述的是现实世界中事或物及其关系的概念体系。其中，物的不同概念类之间具有某种语义关系，包括同义、反义、上下位、属性、属性值、整体部分等关系。

（2）词典类知识

词典类知识是以词条为单位，描述词语的语义相关的信息，包括内部结构、外部功能等。其中，内部结构是指词语的内部构成类型；外部功能包括词性、短语性质、句法标签等。另外，词典类知识还包括词语的语义信息，即词语所属的语义类、词的义项信息等；事件词的语义角色信息，即主论元和边缘论元；事件词的情态信息与实体的属性信息等。

（3）关系类知识

关系类知识描写的是两个语言对象之间可能构建的语义关系，具体包括词与词的语义关系、词与语义类的语义关系、语义类与语义类的关系等不同种组合形态。

2. 隐性知识

隐性知识主要是指蕴含在模型中的知识，例如，利用深度学习基于无标注文本构建的语言模型、利用标注数据构建的模型等。

数据是隐性知识的来源。数据有两种类型：一类是无标注数据，通常是大数据，是从信息化资源中加工整理出来的；另一类是有标注数据，通常是小规模数据，是在原始数据中注入人工标注的信息，形成标注语料库。

隐性知识具有分布意义，通过模型训练得到语言单元的分布信息，包括频次信息、上下文分布信息等。语言单元的语义和结构信息蕴涵在上下文中，一般无法直观感受到，只能通过其他相关任务的效果来感知知识的学习情况。

1.3.2　意合图中的语义知识

本书采用 GPF 结构分析框架，分析输入文本，生成意合图。由于 GPF 是基于知识的符号计算，所以意合图语义分析过程中需要用到的知识大多是显性知识。为了实现意合图语义分析的最终目标，我们构建了体系类知识、词典类知识、关系类知识，具体说明如下。

1. 体系类知识

体系类知识主要是指本体的知识体系，例如，知网（HowNet）、同义词词林等。

2. 词典类知识

词典类知识主要围绕事件词来构建，包括事件词内部结构知识、事件词的同义词与反义词、事件词的主论元和边缘论元、事件词的情态信息等；另外，词典类知识还包括词语的语义类型信息等。

3. 关系类知识

关系类知识主要包括事件论元知识库和情态知识库两种。其中，论元知识库是从事件词与其论元的关系角度出发的，包括核心论元知识库、边缘论元知识库；情态知识库从事件词与修饰成分的关系出发，包括情态意义的知识库和时态意义的知识库。另外，围绕事件词与其周边词语的关系，我们构建了关系形式标记知识库，这种知识库可以为语义关系的分析提供一种形式化手段。

1.4 从句法到语义

目前，一般有两种策略解决语义分析问题：一种是基于数据驱动的端对端策略，即输入文本，通过模型算法，直接得到分析结果；另一种是通过中间结构，借助额外的知识，把复杂问题分治处理，从而实现语义分析的目标。对于浅层的语义分析问题，采用端到端的策略即可取得较好的效果；而对于深度的语义分析问题，由于语义表示比较复杂，需要分析语义的诸多细节。大部分情况下，只靠数据标注难以满足细致深入的语义分析需求，需要引入更多的知识。其中，语法结构知识是重要的一个方面，尤其是引入显性知识后，不适合再采用端到端单一模型的方法。

1.4.1 中间结构

自然语言的结构是有意义的，语法结构承载了语义内容。语法结构包括语言单元、语法功能等信息。由于语言的语法结构比较稳定，计算机在进行语义分析时，可以借助中间结构生成语义表示结果。从浅层到深层，中间结构可以是分词结构、组块结构、短语结构树、句法依存树、句法依存图等。中间结构语义分析如图 1-4 所示。需要说明的是，从输入文本到中间结构是词法和句法分析任务，而从中间结构到语义结构是完成句法语义接口任务。句法语义接口如图 1-5 所示。

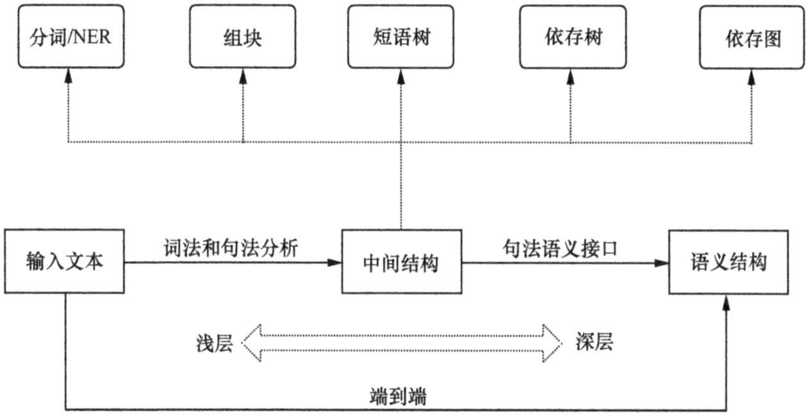

图 1-4　中间结构语义分析

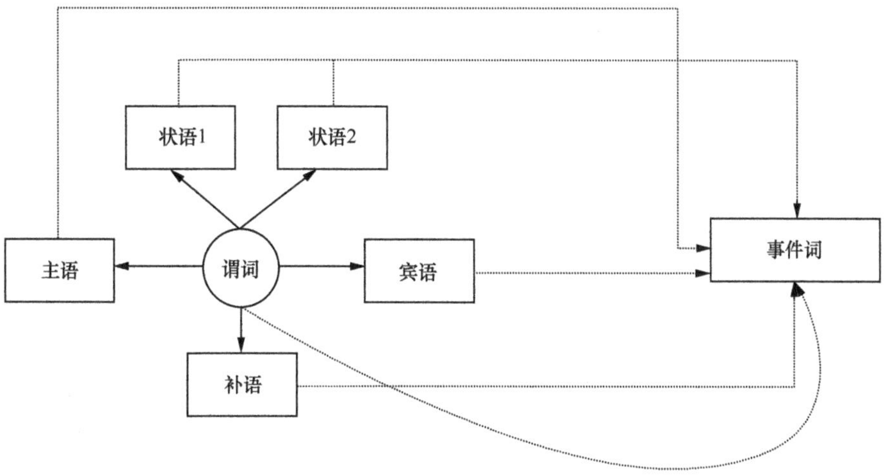

图 1-5　句法语义接口

语义分析在选择中间结构时，需要考虑以下几个问题。

（1）语义分析的目标，根据该目标表示方案的复杂程度选择不同类型的中间结构。例如，浅层任务选择分词作为中间结构，深度语义分析可以选择组块、短语结构树、句法依存图等作为中间结构。

（2）应用的需求和特点，对准确率、可解释性与可控性的要求。

（3）数据和知识的情况，能否在实际情况下，获得语义分析所需要的数据或知识。

1.4.2 意合图中的组块依存

作为语义表示方案，意合图描述了语义结构的多个方面，在实际应用场景，语义分析需求往往对应生成意合图的一个子图。生成简单的子图可以不采用中间结构，直接采用端到端或者借助 GPF 简单模式的方法来解决。但是生成复杂的子图或者生成完整的意合图时，需要采用组块依存结构作为中间结构，从组块依存结构到意合图，建立句法语义接口，为语义分析提供结构信息。

与其他语言单位相比，组块单元具有特有的优势：一方面，作为整存整取使用的语言片段，学术界普遍认可组块在语言事实中是客观存在的；另一方面，组块单元具有形义完整性，其内部成分在形式和语义上都相对稳定，是形义一体的语言单元。利用组块单元这种稳定性的特点，语义分析在计算过程中可以规避组块单元内汉语词语边界的不确定性或模糊性，即将组块单元封装为形义一体的语言单元，对于其内部的结构可以推迟处理，结合知识在语义分析后期再认定，这种方式既达到了消除分词碎片的目的，也增强了鲁棒性。

意合图分析以组块依存为中间结构进行语义分析，有比较明晰的路径，且语义分析的过程更具解释性和可控性。组块依存结构以事件词为中心，每个事件词与其周边成分构成一个自足结构，而自足结构与意合结构具有较高的同构性。在利用 GPF 计算框架生成意合图时，组块依存结构可以提供核心语义信息与语义关系认定所需的结构特征，在组块结构的基础上继续进行组块内部的句法语义分析，即可得到意合图中丰富的语义表示。

第 2 章
组块依存语法

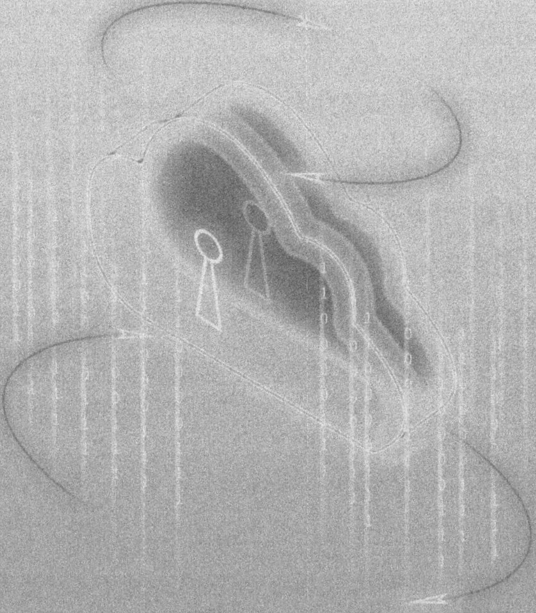

汉语是意合型的一种语言，掌握意合的含义是汉语语言理解的基点，意合型的特点体现在汉语重语义轻形态、语序灵活，语法成分缺省普遍等方面。这些特点给汉语的语义分析带来很大的困难。相比其他语言，汉语虽然在形式上缺少标记，但是句法结构具有一般性规律，要想计算汉语深层的语义结构，通常要借助表层语法结构。其中，中间结构策略就是利用语法结构和语义结构之间存在的同构性，支持汉语语义分析。目前，中间结构策略还有两个亟须解决的问题：一是采取什么样的中间结构；二是如何利用中间结构进行计算。本书介绍的意合图分析是以组块依存结构为中间结构的，采取 GPF 语言结构框架中的组合策略，生成意合图。

2.1 组块依存结构作为中间结构的优势

2.1.1 理论层面

语义分析是一个比较复杂的任务，往往很难做到一步到位，意合图分析采用组块依存结构作为中间结构，建立句法语义接口，为语义分析提供结构信息。与其他语言单位相比，组块单元具有以下优势。

1. 组块符合语言认知的规律

作为整体存储和整体提取使用的语言片段，学术界普遍认为组块在语言表示中是客观存在的。从语言习得与加工角度来看，以组块为基本单位来运用和加工语言也是符合认知规律的。

2. 汉语语序灵活，组块内部比较稳定

汉语是一种典型的意合型语言，语序颠倒和语句省略的情况经常出现，完全依靠结构进行语义分析很难推进。然而，组块具有形义完整性，在形式和语义上都相对稳定，是形义一体的语言单元，并且组块自身的短语结构属性及其在句中充当的句法功能也相对稳定，在组块认定基础上进行后续的语义分析是切实可行的。

3. 组块综合了其他体系的优点

与其他语法理论体系相比，组块依存语法作为语义分析的起点，不仅继承了其他体系的优点，也根据场景的需要进行了完善。

① 与依存语法相比，组块依存语法仍强调谓词核心观点，由谓词来支配句中其他成分。不同的是，组块依存语法选择形式和语义相对稳定的组块作为分析单位，避免了因词语边界模糊、不易界定带来的歧义问题。同时，组块依存语法中谓词的支配成分为形义稳定、功能独立的组块，不再对组块内部成分进行详尽的分析，这种做法既符合人类对语言的直观认识、有利于把握句子的主干结构，又能为后续的语义分析提供支持。

② 与生成语法相比，组块依存语法不需要自底向上层层构建语法规则，只须保留其上层的组合规律，句法结构层次较浅，大多数情况下只有一层到两层，且分析单位的粒度较大，组合关系精简，语义关系明确，为后续的语义计算提供了结构基础。

③ 与范畴语法相比，组块依存语法理论体系简单明了、易于理解、可操作性强。范畴语法是一种基于词汇的形式化理论，需要耗费大量精力来构建严谨的词语范畴，且其分析过程为句法语义一体化分析，对算法和分析系统的要求很高，难以实现。组块依存语法只强调分析单位的形义稳定，便于将语义分析这一复杂任务模块化，使分析过程更具操作性、可解释性和可控性。

2.1.2　计算层面

组块依存语法采用组块作为分析单位，可以规避汉语词语边界的不确定性与模糊性。由于汉语缺乏形式标记，所以汉语中词语的组合方式与短语的组合方式相同，造成词语和短语之间的界限不清晰。另外，汉语中词语的离合用法，同样造成词语单元认定比较困难。自然语言的一个显著特点是约定俗成，“特例”情况经常出现，难以按照一般的语言学理论去分析其类型、解析其内部结构，而组块是句法语义分析的同构载体，具有独立性的特点，其整体表示的语义也比较稳定。语义分析时，将组块封装为形义一体的语言单元，其内部的结构推迟处理，结合知识在后期再认定、再处理。

组块依存结构作为计算时的中间结构，有利于生成意合图。组块依存结构中的自足结构与意合结构具有较高的同构性。组块依存结构中的被依存节点通常是意合结构中的事件词，依存于该节点的主语或宾语块往往承载事件词的主客体论元。在利用 GPF 生成意合图时，组块依存结构可以提供核心语义信息与语义关系认定所需的结构特征，在组块结构的基础上继续进行组块内部的句法语义分析，便可得到更丰富的语义信息。组块依存结构作为句法语义分析的中间结构，不仅符合人类对语言的认知，也具有计算方便快捷的优势。

2.2 组块及其分类体系

2.2.1 组块的定义

组块的粒度大小直接影响组块的分析难度和分析效果，粒度过大，组块边界不易确定，且组块内部构成难以分析；粒度过小，构成句子的组块数量过多，分析流程复杂。因此，组块在界定时，要保证组块粒度适宜，既要达到简化句法分析的目的，又要保证后续语义分析的可行性。组块依存结构在界定组块时，遵循谓词核心、篇章功能和语义优先 3 条原则。

1. 谓词核心

吕叔湘先生在《中国文法要略》中提出，“句子的中心是一个动词”。法国语言学家特思尼耶尔在《结构句法基础》中明确指出，“动词是句子的中心，它支配着别的成分，而它本身却不受其他任何成分的支配。动词在句子中起的作用是关联，也就是说，动词把句子中其他的词连成了一个整体”。汉语中，能表达述谓功能的不仅有动词，还有形容词，因此，我们认为汉语是“谓词中心”。

当有人只说“我哥哥”“他朋友”“这件事”3 个体词性单元的时候，一般情况下，听者是不明白说者的意思的。如果用动词“告诉”把这 3 个体词性单元关联起来，将其组成“我哥哥告诉他朋友这件事”，那么听者很快就明白了。这是因为“告诉”是句子的核心谓词，当听者听到“告诉”时，他的大脑调取“告诉”所关联的谓词框架（verbal frame）。“告诉”谓词框架如图 2-1 所示。

听者只须按照谓词框架把相应的词放到对应的槽位上即可。同时，这也与语义优先的原则不谋而合。因此，组块依存结构也以谓词为句子核心，围绕谓词确定其周边的从属成分，从而更清楚地描写以“谓词—论元”结构为中心的句子架构。

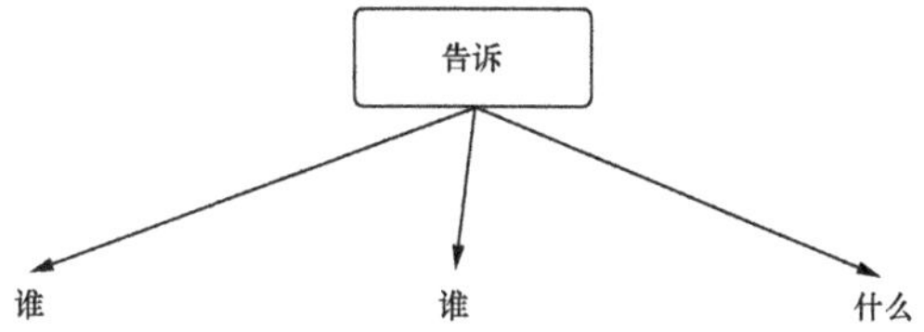

图 2-1　“告诉”谓词框架

2. 篇章功能

以往的组块研究大多在小句范围内进行，然而，篇章中的句子并非孤立存在，而是通过指称、结构衔接、逻辑连接等手段组织起来的。因此，一些句子成分作为组织篇章的手段，虽然不一定参与句法构造，但对篇章分析尤其重要，不能将其笼统地看作冗余成分。同时，需要说明的是，汉语中一些表达语气、态度、意图等词语也并非全是句法分析层面的问题。组块依存语法不是单独地以句法功能或短语结构作为组块的划分标准与取舍标准，而是在短语结构的基础上，充分考虑部分成分表达句间语义结构关系的篇章功能、表达语气的功能等，对这些成分不会勉强地将其纳入句法分析，也不会笼统地将其归入可忽略部分，而是结合其自身的句法结构及其在篇章或句子中的功能与用途加以分析。在这一原则的指导下，除了构成句子基本结构的句法成分，还将上下文的衔接性成分、表达附加性语气的辅助性成分都纳入了组块的范围。

3. 语义优先

鲁川在《汉语语法的意合网络》中指出，“英语是形合（morphotactic）的语言，造句时要求词语的形态变化符合语言。汉语是意合（semotactic）的语言，造句时要求词语的语意搭配符合情理”。从意合语法的角度出发，同时为了与后续的语义分析工作更好地衔接起来，组块认定时需强调语义，弱化句法结构。例如，传统语法学中的名词谓语句，“今天星期天”是把“星期天”这个名词当作谓语，而在组块认定时，从语义角度出发，认为这里是隐性谓词，或者是缺少一个谓词“是”，“星期天”是宾语。

根据以上原则可知，组块是由连续词语或语素整合而成的，具有模块化、形义相对稳定性、预制性特征的语言交际单位。在语言使用中，组块通常以整体形式参与信息编码和解码。具体来说，组块表现为句子中相邻的词语序列，是在句子中承担了一定句法功能且符合语法规则的非递归结构，既包括小句间的衔接性成分和辅助性成分，也包括小句中的句法功能成分。句子进行组块切分后，得到的是组块的线性序列，而非层次性结构，具体示例如下。需要说明的是，示例 1 与示例 2 中被斜线分隔开的词语都是组块。

示例 1：这句话 / 只 / 是 / 一个例子 /。

示例 2：我 / 觉得 / 他画的山水画 / 很 / 好看。

2.2.2 组块分类体系

目前，大多数组块体系都是严格按照语法性质分类的，例如动词组块、形容词组块等。我们是在短语结构的基础上，从语法功能的角度来划分组块体系的。首先，根据组块是否充当句法成分，将其分为句法结构组块和非句法结构组块。其中，句法结构组块根据其在句子中的地位，分为述语组块、主语组块、宾语组块、状语组块、补语组块；非句法结构组块按照其功能分为衔接组块和辅助组块。组块分类体系如图 2–2 所示。

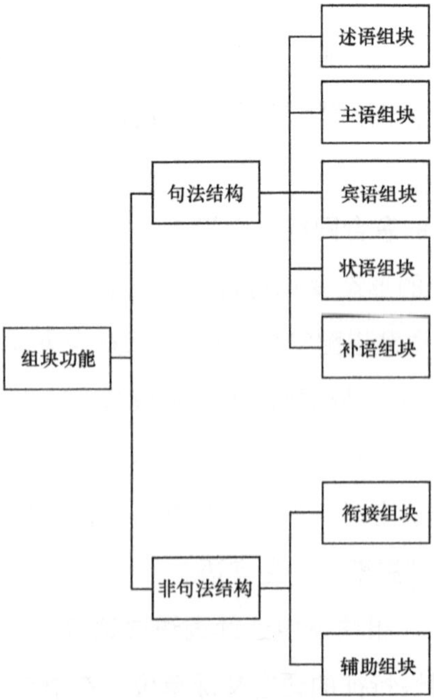

图 2–2　组块分类体系

1. 述语组块

述语组块即由核心述语构成的组块，是所在句子层级的核心，由最内部的小括号“( )”表示。述语组块主要由动词、形容词等组成，一般由动词（V）+着了过、动词（V）+ 单音节补语、两个连续的单音节动词（V）组成。字典中收录的成语、常用俗语等也作为述语组块，在一些特殊句中也存在空述语组块。句子中最顶层的述语组块（即整个句子的核心）是核心述语组块。出现在其他谓词成分中的述语组块为非核心述语组块，例如，谓词性主语或宾语中的述语组块等。

示例 3：他（狼吞虎咽地（吃完了））饭。

示例 4：他((说话）很快)。

示例 5：这个人( )黄头发。

以上示例 3、示例 4、示例 5 句中，划线部分均为核心述语组块。其中，示例 5 由补充的空述语充当述语组块。

示例 6：我（现在（承认)){你((做）得比我好)}。

在示例 6 中，核心述语组块“承认”是整个句子的核心，而非核心述语组块“做”是宾语“你做得比我好”中的核心。

示例 7：{城乡居民（养老)}(不再“(看）身份”)。

在示例 7 中，核心述语组块“看”是整个句子的核心，而非核心述语组块“养老”是谓词性主语“城乡居民养老”中的核心。

示例 8：这把刀{我（用它（切)）肉}。

在主谓谓语句中，由句子中的小谓语充当句子的核心，例如，“切”是这个主谓谓语句的核心。

2. 主语组块

主语组块一般由主谓结构中的主语与主谓谓语句中的大小主语构成。按照其内部是否还嵌套述语组块可将其分为体词性主语组块和谓词性主语组块。需要注意的是，主语组块在结构上依存于述语组块。

以下示例 9、示例 10 中的横线部分为体词性主语组块。

示例 9：他((说话）很快)。

示例 10：计算机{我（可（是)）门外汉}。

当主语整体为谓词性结构时，以谓词性结构中的述语来指代整个结构，即认为谓词性结构中的述语组块为核心述语组块支配的主语组块。例如，示例11，“很丰富却不精细”是谓词性主语，将其中的述语组块“丰富”与“精细”都处理为谓词性主语组块。

示例 11：{(很(丰富))(却不(精细))}(也不(是))我们说的优秀。

3. 宾语组块

宾语组块是指动宾结构中的宾语，按照其内部是否嵌套有述语组块可将其分为体词性宾语组块和谓词性宾语组块。需要注意的是，宾语组块在结构上依存于述语组块。

以下示例 12、示例 13、示例 14、示例 15 中的横线部分为体词性宾语组块。

示例 12：西塞罗在这方面的论著 [，非常详尽地，][非常准确地，](给出了) 令人满意的答复。

示例 13：[在他壮年时，] 他（爬上过）珠穆朗玛峰。

示例 14：(感谢）你（告诉）我||这个好消息。

示例 15：这把刀 { 我（用它（切）肉}。

当宾语整体为谓词性结构时，与谓词性主语处理的方式相同，例如，示例16“你做得比我好”是谓词性宾语，将其中的述语组块“做”当作谓词性宾语组块。

示例 16：我（现在（承认)){ 你 ((做）得比我好)}。

4. 状语组块

状语组块是指在句中充当状语的组块，一般位于述语组块前面，可与述语组块紧邻，或被其他成分、或标点隔离，对述语组块起到修饰作用，受述语组块支配。以下示例 17、示例 18、示例 19 中的横线部分为状语组块。

示例 17：(一年内（新增)) 培育科技型企业 ||3465 家。

示例 18：边远地区 {，物质（比较（匮乏))}。

示例 19：[别把孩子的教育，](全（寄)) 希望 [于教育机构上]。

5. 补语组块

补语组块是指在句中充当补语的组块，一般位于述语组块后面，可与述语组块紧邻或被其他成分或标点隔离，对述语组块起到修饰作用，受述语组块支配。以下示例 20、示例 21、示例 22、示例 23 中的横线部分为补语组块。

示例 20：她（哭着）((跑）出来)。

示例 21：<即使>你（(做）得比我好)<也>(不能（改变)）违规的事实。

示例 22：(飞进）一只鸟 [来]。

示例 23：[别把孩子的教育，](全（寄)）希望 [于教育机构上]。

6. 衔接组块

衔接组块由连词、话语标记、插入语等组成，在句中主要发挥衔接作用，属于篇章成分，用尖括号“<>”表示。以下示例 24、示例 25、示例 26 的横线部分为衔接组块。

示例 24：她（非常不想（去)），<因为>(今天（下)）雨。

示例 25：车 <，不用说，>(当然（是)）头等。

示例 26：妈 <，那啥，>(能不能（预支）一下）下个月的生活费 <<啊>>？

7. 辅助组块

辅助组块一般由语气词等承担辅助功能的词语或结构构成，句法上与句中其他各个成分之间没有结构上的关系，在句中主要承载表达语气的功能，用“<<>>”表示。以下示例 27、示例 28、示例 29、示例 30、示例 31 中横线部分均为辅助组块。

示例 27：他（走了)<<吗>>？

示例 28：<<嗯>>，<<好的>>，我（知道了)。

示例 29：[都](）春天 <<了>>，(还这么（冷)）。

示例 30：<<王师傅>>，您（给大伙（说)）两句外国话（听听)<<行不行>>？

示例 31：<<哗啦>>——<<哗啦>>——，大海（在为他（吟唱)）最后一支歌曲。

2.2.3 组块依存图

组块依存图是一种表示句法结构的单根有向图，单根有向图中的节点对应组块单元，单根有向图中的边对应组块间的句法依存关系。组块依存图能够在组块体系的支撑下，对句子进行结构化整合，将句子结构化为组块单元序列，进而在组块间构建初步的依存关系。

组块依存图的构建是分阶段、分层次进行的。其中，第一阶段是组块的识别与划分，主要标记组块的边界及句法标签；第二阶段是组块依存图的构建，在第一阶段构建结果的基础上标记组块间的依存关系，并转化为相应的组块依存图。在组块依存图中，核心述语组块是句子的语法核心，指向“ROOT”根节点，其余成分均受核心述语组块支配，并与核心述语组块相连，由于衔接组块与辅助组块不直接受核心述语组块支配，所以不构建“衔接组块与核心述语组块之间”或“辅助组块与核心述语组块之间”的依存关系。组块依存图示意如图 2–3 所示。

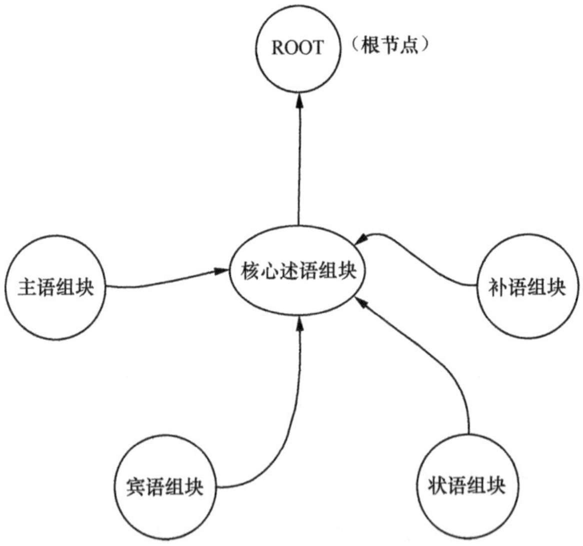

图 2–3 组块依存图示意

在组块依存图的构建过程中，首先需要得到组块依存结构，然后由组块依存结构转化为组块依存图。

1. 组块依存结构表示

在对句子进行组块依存结构分析时，述语组块作为句子的核心，各类非述语组块均受述语组块的支配并依存于述语组块上。如果非述语组块和述语组块之间存在依存关系，则称该非述语组块为述语组块的从属成分，述语组块作为该非述语组块的依存对象。除了一些特殊的独立词句，一般认为，句子中存在一个或多个述语组块，非述语组块至少依存于一个述语组块上。述语组块作为句内各组块的依存对象，其左右上下共有 4 个点位，分别表示其主语位（1 号点位）、宾语位（3 号点位）、修饰语位（2 号点位）、述语位（4 号点位）。各非述语组块按照其类别分别依存于述语组块的 4 个点位上，依存线条从述语组块的 4 个点位指向其从属成分。组块依存结构表示示意如图 2-4 所示。

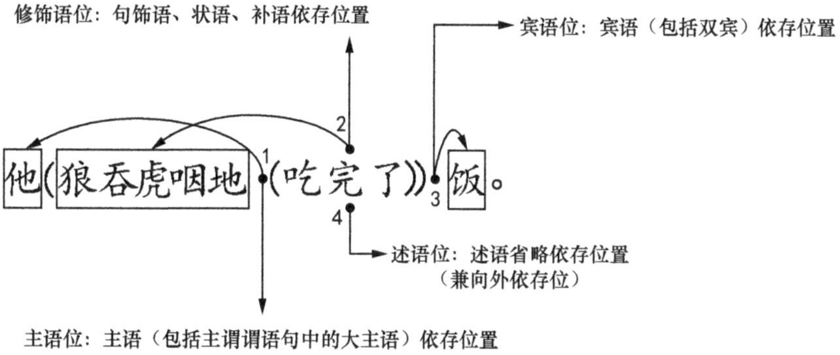

图 2-4　组块依存结构表示示意

在图 2-4 "他狼吞虎咽地吃完了饭。"这句话中，组块依存图构建的第一阶段的结果为"他（狼吞虎咽地（吃完了））饭"，通过组块边界的划分与组块类型的标注后，得到 4 个组块，分别是主语组块"他"、状语组块"狼吞虎咽地"、述语组块"吃完了"与宾语组块"饭"，在此基础上建立组块之间的联系。首先，将主语组块"他"与述语组块"吃完了"的 1 号点位相连，表示"他"是述语组块"吃完了"的主语；其次，将状语组块"狼吞虎咽地"与述语组块"吃完了"的 2 号点位相连，表示"狼吞虎咽地"是述语组块"吃完了"的修饰语；最后，将宾语组块"饭"与述语组块"吃完了"的 3 号点位相连，表示"饭"是述语组块"吃完了"的宾语。

为了更清晰地描述各个组块之间的联系，我们将图 2-4 中的组块依存结构表示示意转化为组块依存图。组块依存图示意如图 2-5 所示。核心述语组块与"ROOT"根节点相连，主语组块、宾语组块与状语组块均与核心述语组块相连，其关系由边上的标签来注明。

在组块依存结构分析中，主语包括主谓谓语句中的大小主语，依存于述语组块的 1 号点位。在后续分析中，当 1 号点位整体为体词性成分时，我们将二者之间的关系定义为体词性主语组块，用标签"NP-SBJ"表示；当 1 号点位整体为谓词性成分时，我们将二者之间关系定义为谓词性主语组块，用标签“VP-SBJ”表示，并由述语组块的 1 号点位指向该谓词性成分的 4 号点位。

状语、补语依存于述语组块的 2 号点位。在后续分析中，我们将述语组块与 2 号点位上的成分之间的关系定义为修饰关系，用标签“NULL-MOD”表示。

宾语包括双宾语中的远近宾语，依存于述语组块的 3 号点位。在后续分析中，当 3 号点位整体为体词性成分时，我们将二者之间的关系定义为体词性宾语组块，用标签“NP-OBJ”表示；当 3 号点位整体为谓词性成分时，我们将二者之间的关系定义为谓词性宾语组块，用标签“VP-OBJ”表示，并指向该谓词性成分的 4 号点位。

谓词性关联块是指省略的述语组块与当前上下文中某个述语组块相同的空述语组块，谓词性关联块与述语组块的 4 号点位相连，从述语组块的 4 号点位指向谓词性关联块的 4 号点位。在后续分析中，我们将二者之间的关系定义为谓词性关联块，用标签“VP-EMP”表示。

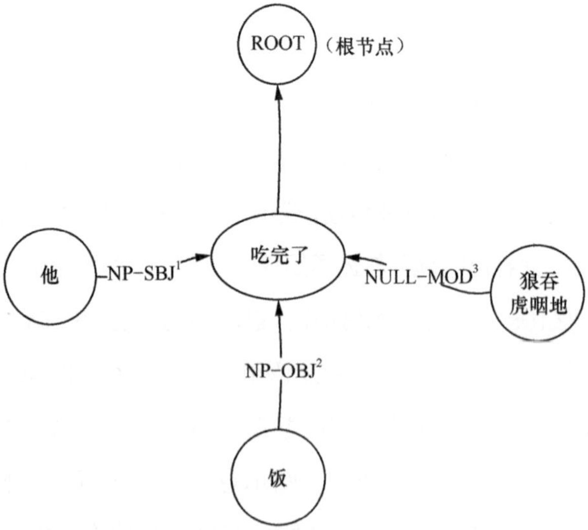

1. NP-SBJ 表示体词性主语组块。
2. NP-OBJ 表示体词性宾语组块。
3. NULL-MOD 表示修饰语块。

图 2-5　组块依存图示意

综上所述，我们可以将谓词与其依存块之间的关系初步分为以下 6 种。组块依存关系说明见表 2-1。

表 2-1　组块依存关系说明

标识	关系说明	示例句
NP-SBJ	表示该谓词的体词性主语组块	我说了一件事儿
VP-SBJ	表示该谓词的谓词性主语组块	学习对我来说总是快乐的
NP-OBJ	表示该谓词的体词性宾语组块	吃苹果
VP-OBJ	表示该谓词的谓词性宾语组块	进行调查、研究
NULL-MOD	表示该谓词的修饰语块	上周他出门了
VP-EMP	表示该谓词的谓词性关联块，即与谓词块相同的空述语，例句中的空述语“（ ）”是“有”的谓词性关联块	有书 3 本，（ ）笔 3 支

不同于 4 条依存分析方法的公理，组块依存结构分析中，允许述语组块有多个从属成分，非述语组块有一个或多个依存对象，且允许线条交叉、跨句。由于汉语中存在较多的非投影结构，所以允许线条交叉、组块多依存对象，这种分析方法可以使分析的结果更准确。

另外，组块依存结构围绕述语组块构建依存关系。不仅为述语组块与出现在其周围的从属成分构建依存关系，也为在当前小句中缺省而在上下文中出现的从属成分构建依存关系，尽可能保证述语组块周围从属成分的完整性。每个述语组块与其周边的从属成分共同构成一个自足结构。

2. 组块依存结构标注规范

在对组块进行依存标注的过程中，我们也制定了相应的标注规范。组块依存结构标注规范主要分为自足句标注、非自足句标注与小块切分标注 3 个部分。

其中，自足句是由每个述语组块及其周边的从属成分构成的，从属成分一般包括主语、宾语、状语与补语；非自足句是指省略述语组块的某个从属成分。为了更完整地描述述语组块及其周边从属成分，在标注时，如果句子中缺省述语组块的从属成分，例如，宾语组块缺省或者状补语组块缺省等，并且缺省的从属成分可以在上下文中找到时，建立述语组块与其缺省的从属成分之间的联系。

另外，有时部分组块并非整体依存于述语组块，而是以小块依存的方式将组块的一部分依存于述语组块上，此时，在组块内部选择小块。

接下来，我们从自足句标注、非自足句标注、小块切分标注 3 个方面对组块依存结构的标注规范进行介绍。

（1）自足句标注

组块依存标注采取最大块标注原则，如果当前组块受述语组块支配，则当前组块依存于述语组块。依存关系不是单一的，如果同一个组块受多个述语组块的支配，则组块可以依存于多个述语组块上。下文以汉语的基本句式与特殊句式为例，介绍组块依存图对不同句式的处理方法，具体说明如下。

① 基本句式

本小节从简单句、复句、主谓谓语句、双宾句、谓主句、谓宾句这 6 种句式分别介绍组块依存结构表示与组块依存图处理汉语基本句式的情况。

a. 简单句

示例 32：[除活动层，] 整个冰川的温度（均（处于））融点。

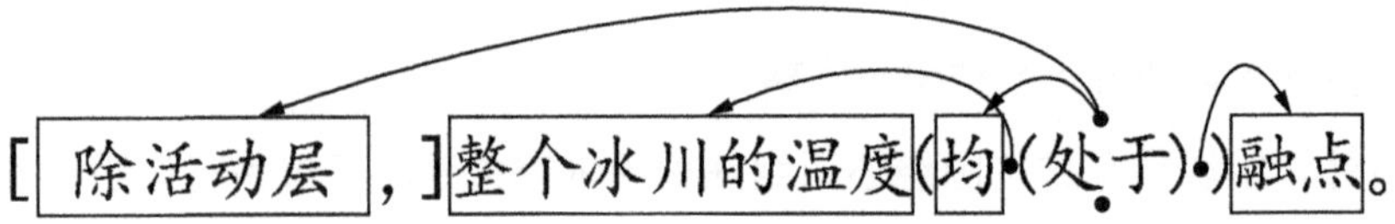

示例 32 是一个简单句，只有一个核心述语组块“处于”，将“处于”与“ROOT”根节点相连，再分别将主语组块、宾语组块和状语组块与核心述语组块相连，并在各自的边上标注相应的关系类型。示例 32 转换后的组块依存图示意如图 2–6 所示。

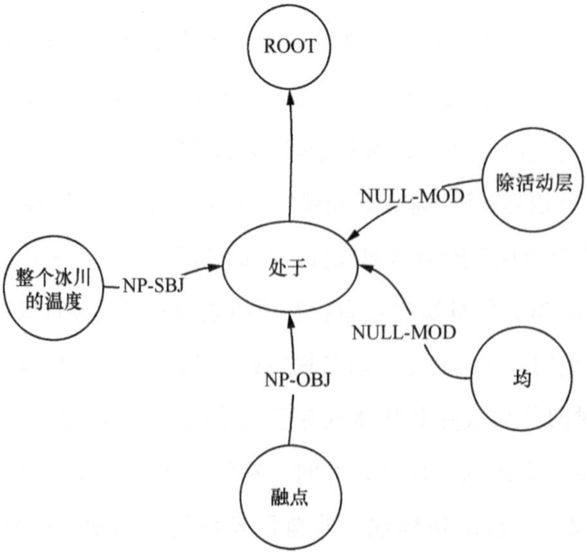

图 2–6　示例 32 转换后的组块依存图示意

b. 复句

示例 33：他 < 不仅 >(吃了)，< 还 >(拿了) 一个苹果。

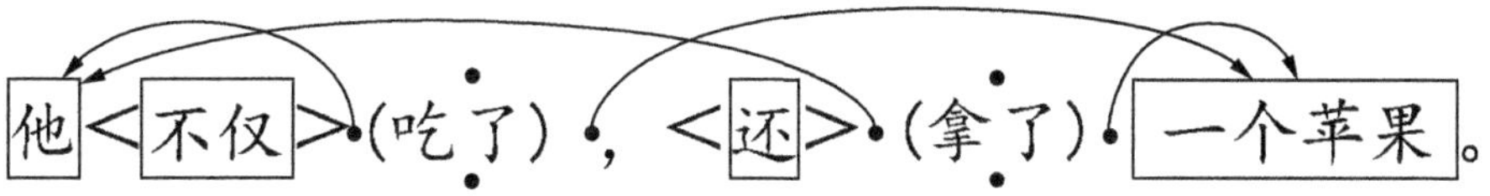

示例 33 是一个复句，有两个核心述语组块，分别是“吃了”和“拿了”，这两个述语组块均需要与“ROOT”根节点相连，并分别将各自的主语组块、宾语组块与核心述语组块相连，并在各自的边上标注相应的关系类型。示例 33 的特殊之处是：两个核心述语组块共享一个主语组块“他”，因此，需要分别将主语组块“他”与“吃了”和“拿了”这两个核心述语组块相连。示例 33 转换后的组块依存图示意如图 2-7 所示。

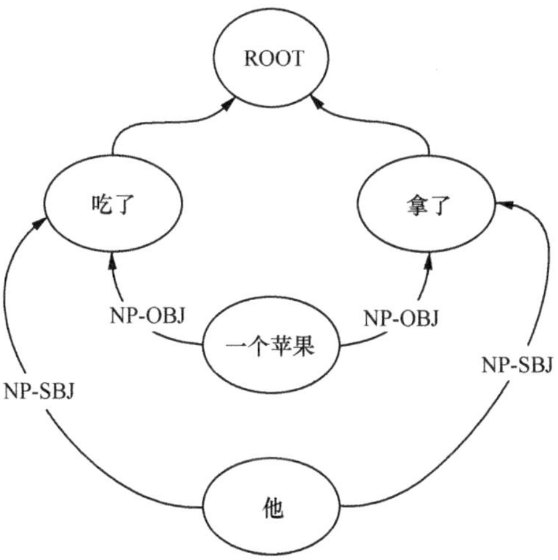

图 2-7　示例 33 转换后的组块依存图示意

c. 主谓谓语句

示例 34：这件事 {[在他看来] 麻烦的地方 (挺 (多))}。

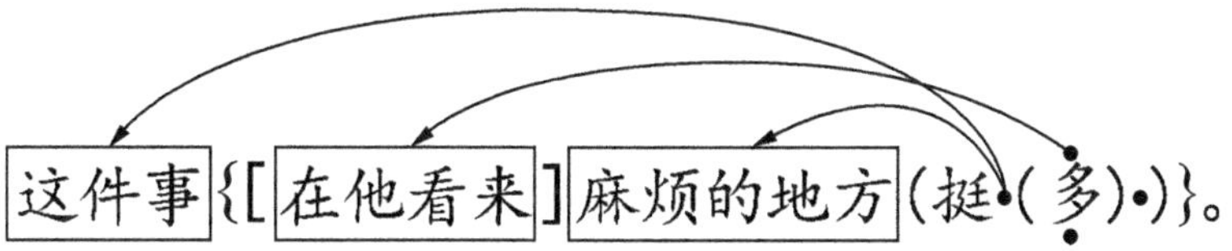

示例 34 是一个主谓谓语句，只有一个核心述语组块“多”，需要与“ROOT”根节点相连，但是示例 34 有两个主语组块，此时，需要分别将这两个主语组块与核心述语组块相连，并在边上标注相应的关系类型。需要说明的是，本书并不区分大小主语组块的标签类型。示例 34 转换后的组块依存图示意如图 2-8 所示。

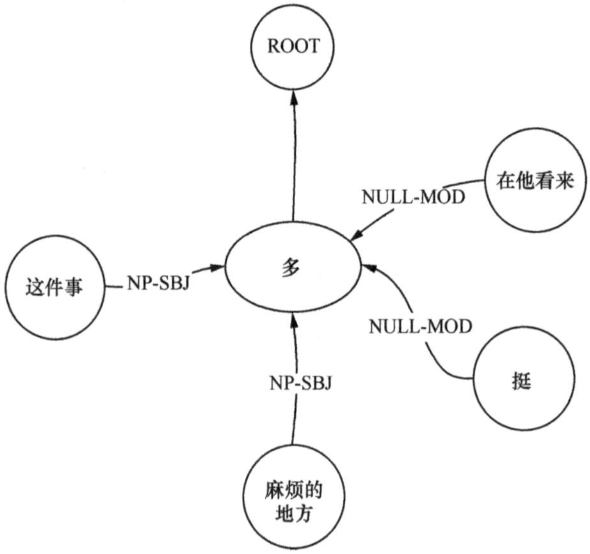

图 2-8　示例 34 转换后的组块依存图示意

d. 双宾句

示例 35：(一年内 (新增)) 培育科技型企业 ||3465 家。

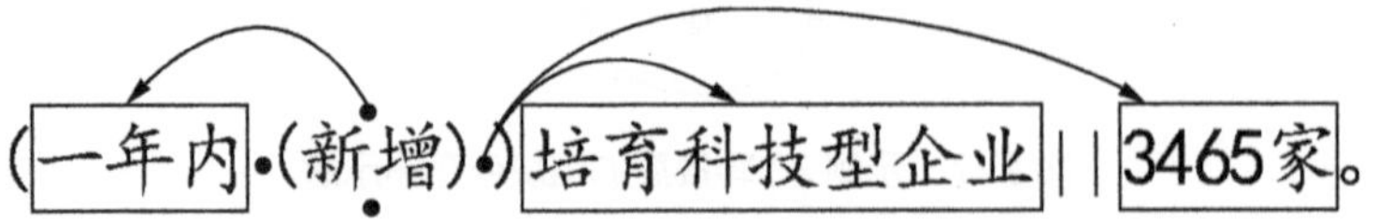

示例 35 是一个双宾句，只有一个核心述语组块“新增”，需要与“ROOT”根节点相连，示例 35 有两个宾语组块，此时，需要分别将这两个宾语组块与核心述语组块相连，并在边上标注相应的关系类型。需要说明的是，本书不区

分远近宾语组块的标签类型。示例 35 转换后的组块依存图示意如图 2-9 所示。

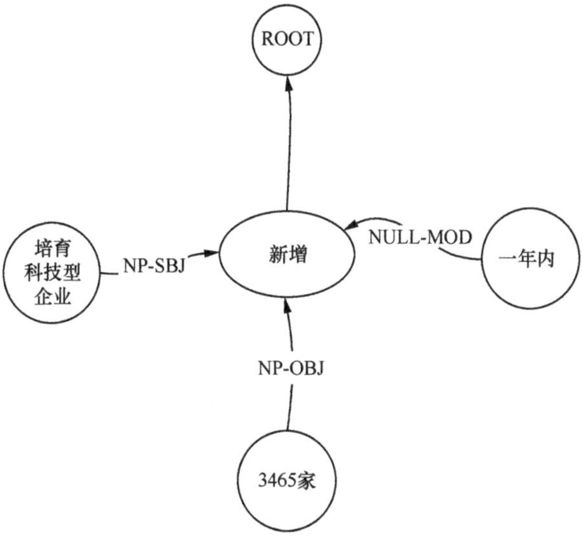

图 2-9 示例 35 转换后的组块依存图示意

e. 谓主句

示例 36：{(不用（拿))笔（写)}(也（可以))。

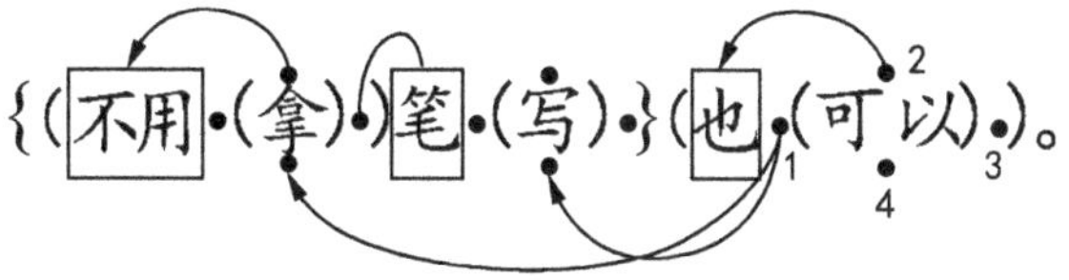

示例 36 是一个谓主句，有 3 个述语组块，分别是“拿”“写”和“可以”，在这 3 个述语组块中，只有述语组块“可以”是核心述语组块，需要与“ROOT”根节点相连，“拿”和“写”是非核心述语组块，不需要与“ROOT”根节点相连。需要注意的是，非核心述语组块在充当核心述语组块的主语时，以其自身与核心述语组块 1 号点位相连即可，非核心述语组块的宾语组块与状语组块再与非核心述语组块相连，不用再与核心述语组块建立联系。示例 36 转换后的组块依存图示意如图 2-10 所示。

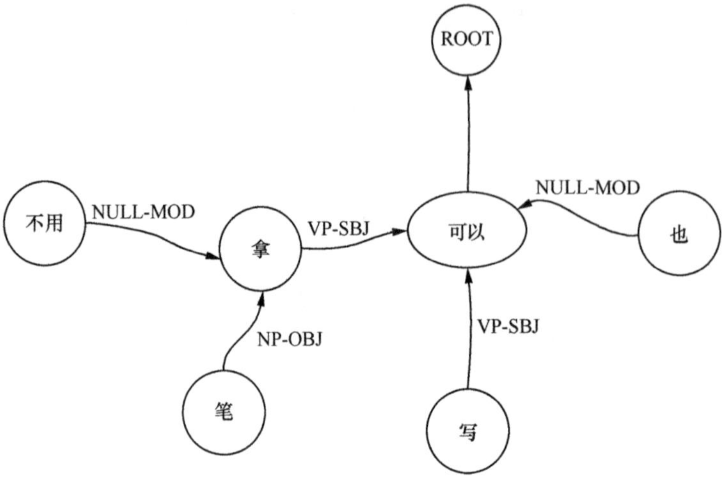

图 2-10　示例 36 转换后的组块依存图示意

f. 谓宾句

示例 37：你（需要）{（尝试）{（从这个角度（看待））问题}}。

示例 37 是一个谓宾句，有 3 个述语组块，分别是“需要”“尝试”和“看待”，在这 3 个述语组块中，只有述语组块“需要”是核心述语组块，需要与“ROOT”根节点相连，“尝试”和“看待”是非核心述语组块，不需要与“ROOT”根节点相连。与谓宾句相同，非核心述语组块在充当核心述语组块的宾语时，以其自身与核心述语组块 3 号点位相连即可。非核心述语组块的宾语组块和状语组块再与非核心述语组块相连，不用再与核心述语组块建立联系。另外，这 3 个述语组块共享一个主语组块“你”，因此，需要将主语组块“你”分别与 3 个述语组块相连。示例 37 转换后的组块依存图示意如图 2-11 所示。

② 特殊句式

本部分从连谓句、兼语句、名词谓语句、体词性独词句、谓词性独词句、倒装句、无主句、谚语这 8 种句式出发，分别介绍组块依存结构表示与组块依存图处理汉语句式的情况。

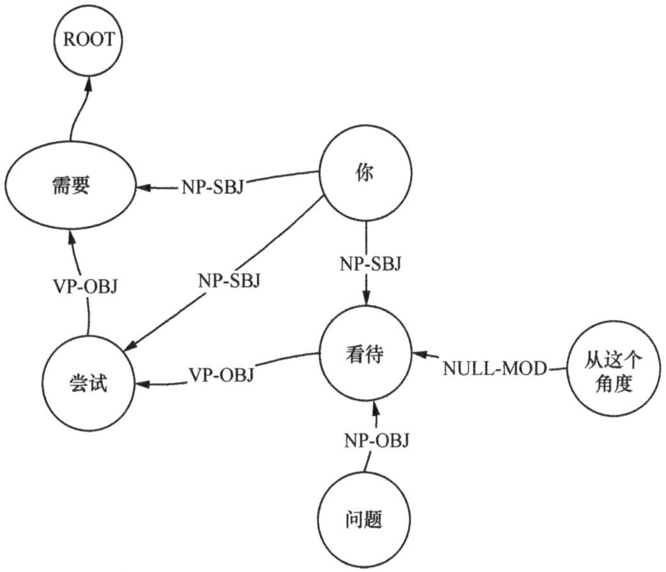

图 2-11　示例 37 转换后的组块依存图示意

a. 连谓句

示例 38：我们（打扫完）教室（去（吃））饭。

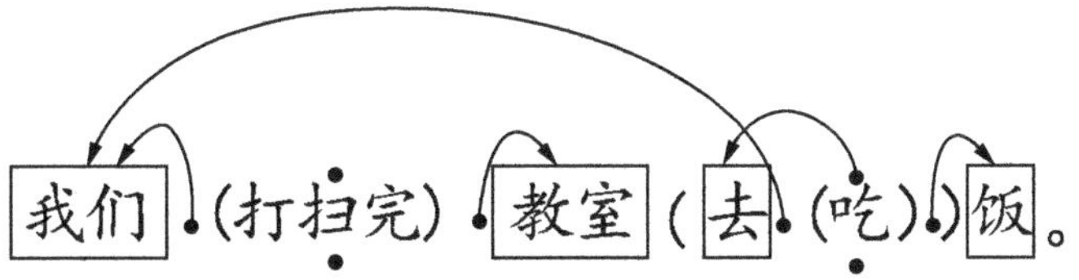

示例 38 是一个连谓句，有两个述语组块，分别是“打扫完”和“吃”，这两个述语组块都是核心述语组块，都需要与“ROOT”根节点相连。另外，两个核心述语组块共享一个主语组块“我们”，因此，需要将主语组块“我们”分别与两个核心述语组块相连，再将两个核心述语组块各自的宾语组块与状语组块分别与其相关的核心述语组块相连，示例 38 转换后的组块依存图示意如图 2-12 所示。

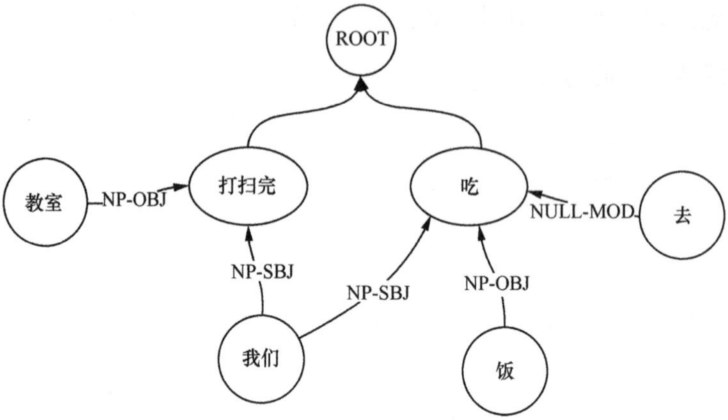

图 2-12　示例 38 转换后的组块依存图示意

b. 兼语句

示例 39：老板（让）小王（去）办公室 [一趟]。

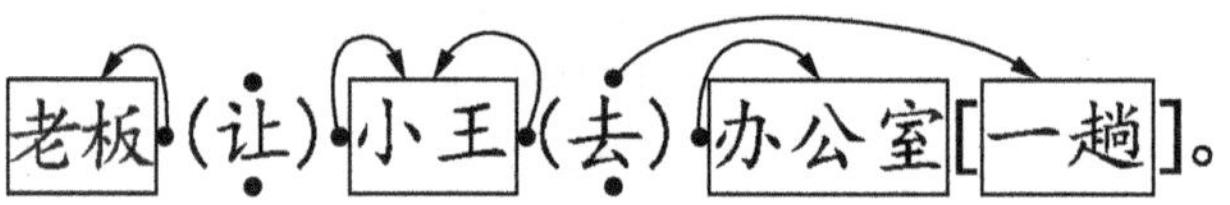

示例 39 是一个兼语句，有两个述语组块，分别是“让”和“去”，这两个述语组块都是核心述语组块，都需要与“ROOT”根节点相连。另外，两个核心述语组块共享一个组块“小王”，但是该组块充当的是前一个核心述语组块“让”的宾语组块，后一个核心述语组块“去”的主语组块，因此，组块“小王”需要分别与两个核心述语组块相连，并标注不同的关系类型，再将两个核心述语组块各自的宾语组块与补语组块分别与其相关的核心述语组块相连，并标明各自的关系类型，示例 39 转换后的组块依存图示意如图 2-13 所示。

c. 名词谓语句

示例 40：他（ ）北京人。

示例 40 是一个名词谓语句，没有述语组块，此时，需要补出一个空述语组块，将该述语组块当作核心述语组块，用“IS”表示，并将该空述语组块与

"ROOT"根节点相连，再将主语组块和宾语组块与空述语组块相连，并标明各自的关系类型，示例 40 转换后的组块依存图示意如图 2-14 所示。

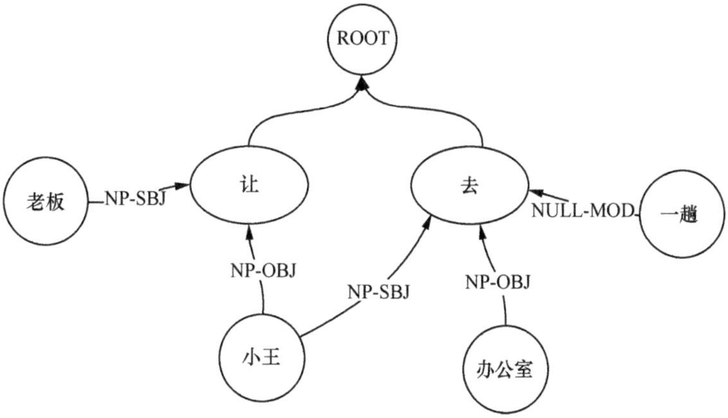

图 2-13　示例 39 转换后的组块依存图示意

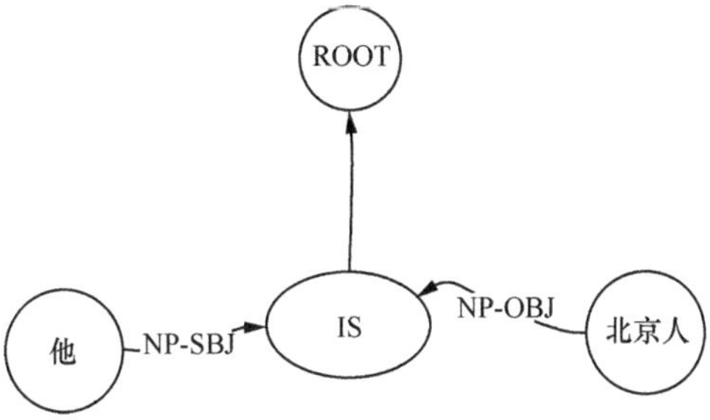

图 2-14　示例 40 转换后的组块依存图示意

d. 体词性独词句

示例 41：熊猫！

[熊猫]！

示例 41 是一个体词性独词句，没有述语组块，不用补出空述语组块，因此，也没有核心述语组块与"ROOT"根节点相连，此时，不对该句进行组块依存图转化。

e. 谓词性独词句

示例 42：（怎么了）？

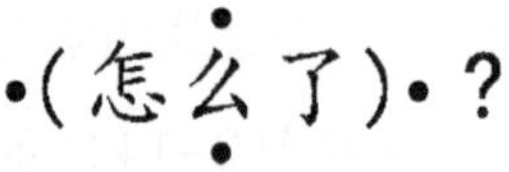

示例 42 是一个谓词性独词句，有一个述语组块“怎么了”，此时，只须将该核心述语组块与“ROOT”根节点相连即可。示例 42 转换后的组块依存图示意如图 2-15 所示。

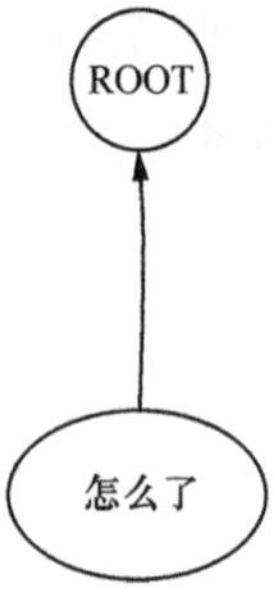

图 2-15　示例 42 转换后的组块依存图示意

f. 倒装句

示例 43 :(快 (走))<< 吧 >>，你！

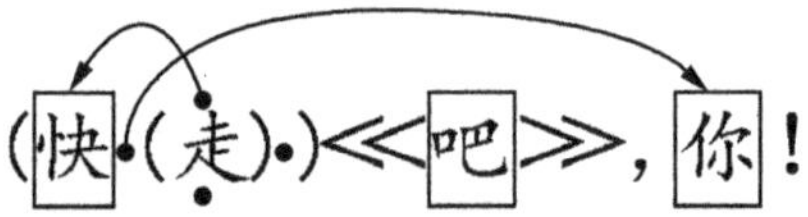

示例 43 是一个倒装句，有一个述语组块“走”，同时，该述语组块也是核心述语组块，将该核心述语组块与“ROOT”根节点相连，再将状语组块和主语组块分别与核心述语组块相连，并标明各自的关系类型。需要注意的是，在处理倒装句的时候，组块依存结构表示与组块依存图这两种方式都将句子的倒装部分按照正常句式处理。示例 43 转换后的组块依存图示意如图 2-16 所示。

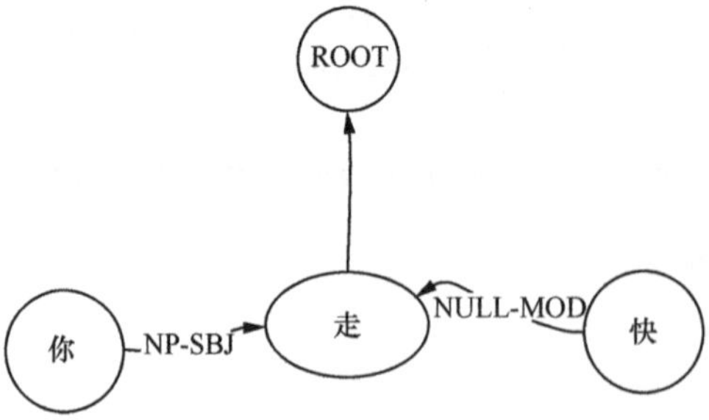

图 2-16　示例 43 转换后的组块依存图示意

g. 无主句

示例 44 :(下了) 一天的雨，(刮了) 一天的风。

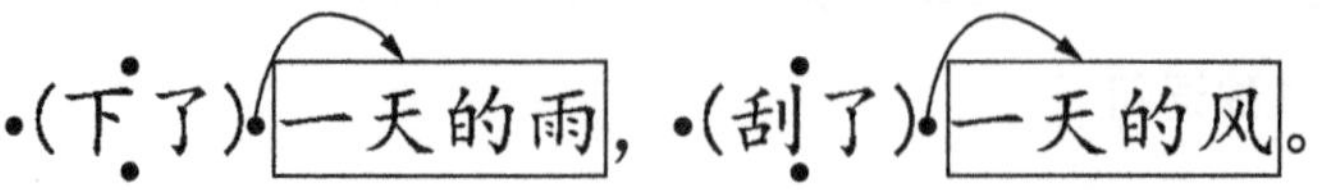

示例 44 是一个无主句，有两个述语组块，分别是“下了”和“刮了”，二者均为核心述语组块，均须与“ROOT”根节点相连，再将宾语组块分别与各自相关的核心述语组块相连，并标明相应的关系类型即可。示例 44 转换后的组块依存图示意如图 2-17 所示。

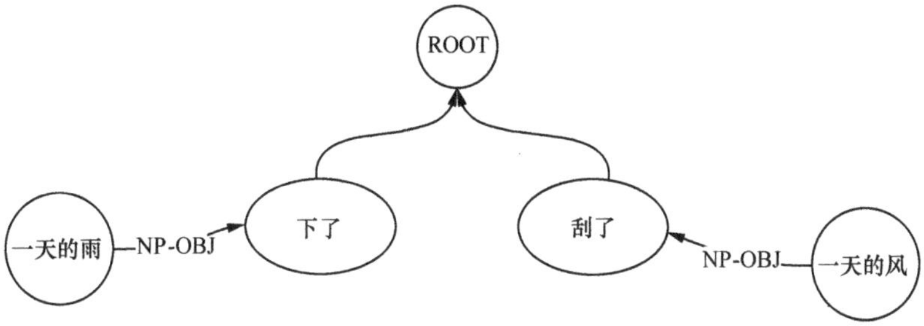

图 2-17 示例 44 转换后的组块依存图示意

h. 谚语

示例 45：“(天行有常)”，“(应之以治则吉)”。

•“(天行有常)”•，•“(应之以治则吉)”•。

示例 45 是一个谚语，本规范不对谚语做进一步切分。针对示例 45，我们将其处理为两个核心述语组块，并分别与“ROOT”根节点相连即可。示例 45 转换后的组块依存图示意如图 2-18 所示。

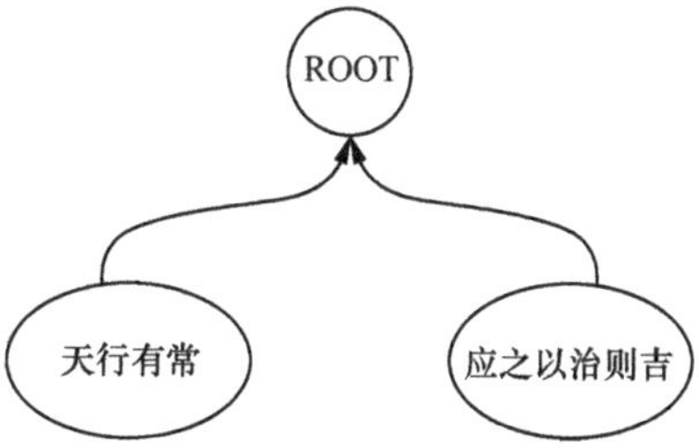

图 2-18 示例 45 转换后的组块依存图示意

（2）非自足句标注

非自足句标注主要有主语组块的缺省、宾语组块的缺省、状语组块的缺省、补语组块的缺省与述语组块的缺省 5 种情况，具体介绍如下。

① 主语组块的缺省

示例 46：他（把衣服（抖了抖）），<然后>(穿上)。

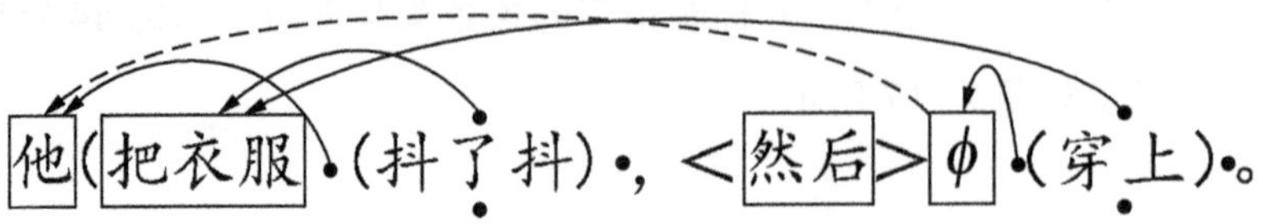

示例 46 是一个主语组块缺省的句子，该句有两个述语组块，分别是“抖了抖”和“穿上”，均为核心述语组块，二者均须与“ROOT”根节点相连。但是第二个核心述语组块“穿上”缺省主语组块“他”，因此，需要建立主语组块“他”与核心述语组块“穿上”之间的关系。另外，两个核心述语组块还共享状语组块“把衣服”，因此，需要分别将状语组块“把衣服”与两个核心述语组块相连。示例 46 转换后的组块依存图示意如图 2–19 所示。

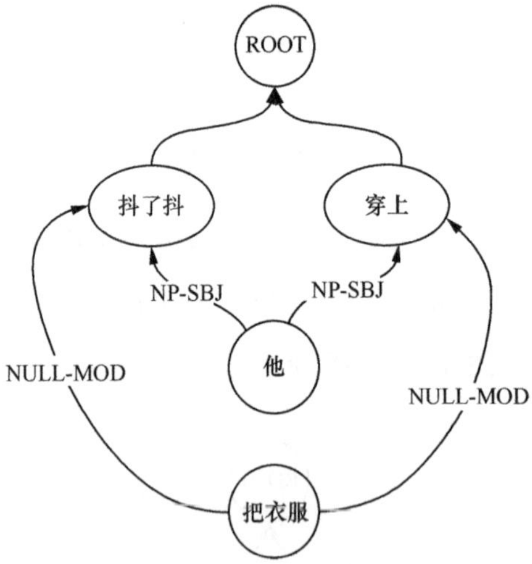

图 2–19　示例 46 转换后的组块依存图示意

② 宾语组块的缺省

示例 47：他（有）票，我（没有）。

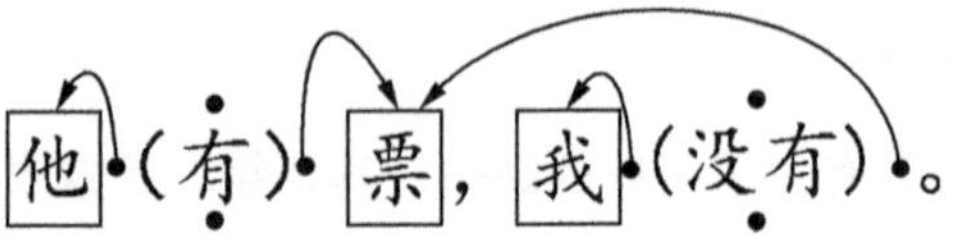

示例 47 是一个宾语组块缺省的句子，该句有两个述语组块，分别是“有”和“没有”，二者均为核心述语组块，均须与“ROOT”根节点相连。但是第二个核心述语组块“没有”缺省宾语组块“票”，因此，需要建立宾语组块“票”与核心述语组块“没有”之间的关系。示例 47 转换后的组块依存图示意如图 2-20 所示。

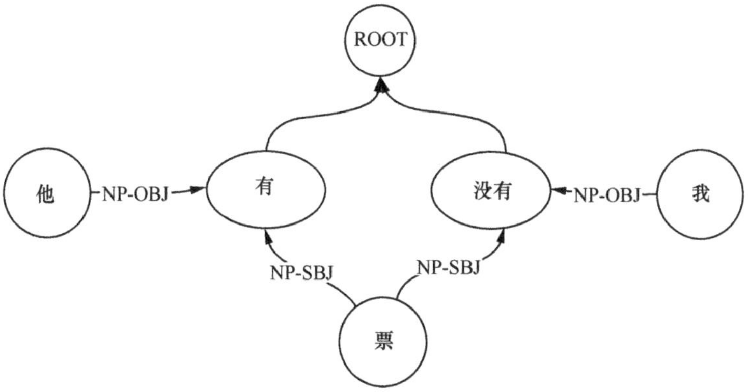

图 2-20　示例 47 转换后的组块依存图示意

③ 状语组块的缺省

示例 48：他（打开）门，((走了）进来)[，悄悄地]。

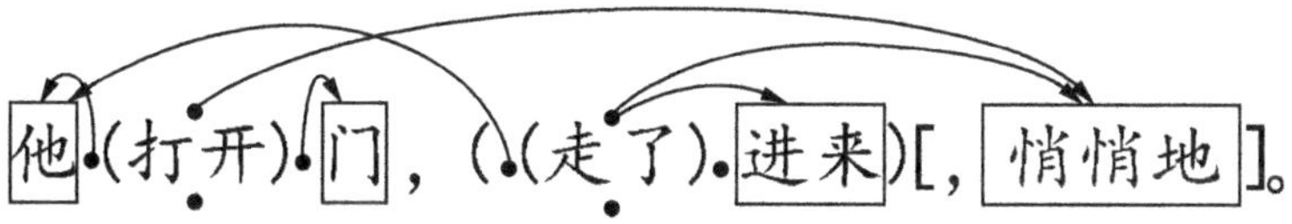

示例 48 是一个共享状语组块的句子，该句有两个述语组块，分别是“打开”和“走了”，二者均为核心述语组块，均须与“ROOT”根节点相连。但是第一个核心述语组块“打开”与第二个核心述语组块“走了”共享状语组块“悄悄地”，因此，需要建立状语组块“悄悄地”与第一个核心述语组块“打开”之间的联系，再分别建立其他组块与核心述语组块之间的联系。示例 48 转换后的组块依存图示意如图 2-21 所示。

④ 补语组块的缺省

示例 49：他（把书房里的东西（整理））、((摆放）得整整齐齐)。

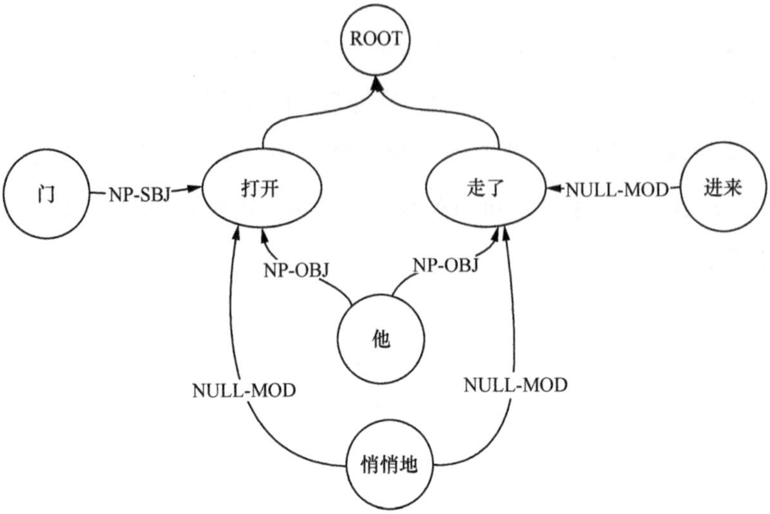

图 2-21　示例 48 转换后的组块依存图示意

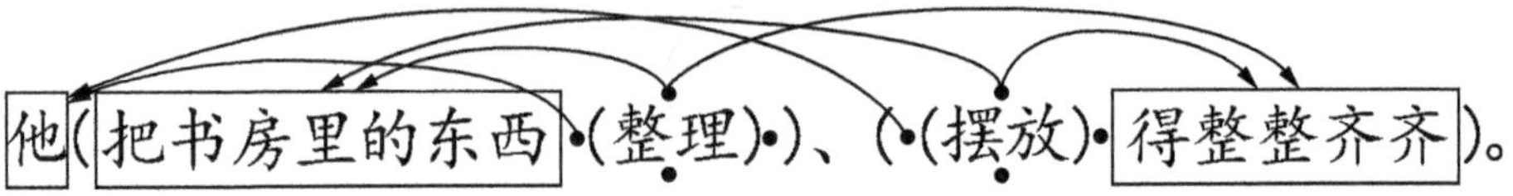

示例 49 是一个共享补语组块的句子，该句有两个述语组块，分别是“整理”和“摆放”，二者均为核心述语组块，均须与“ROOT”根节点相连。但是第一个核心述语组块“整理”与第二个核心述语组块共享补语组块“得整整齐齐”，因此，需要建立补语组块“得整整齐齐”与第一个核心述语组块“整理”之间的联系。另外，第二个核心述语组块“摆放”与第一个核心述语组块“整理”共享状语组块“把书房里的东西”，因此，需要建立状语组块“把书房里的东西”与第二个核心述语组块“摆放”之间的联系，再分别建立其他组块与核心述语组块之间的联系。示例 49 转换后的组块依存图示意如图 2-22 所示。

⑤ 述语组块的缺省

示例 50：有的（订立）书面协议，有的（ ）口头协议。

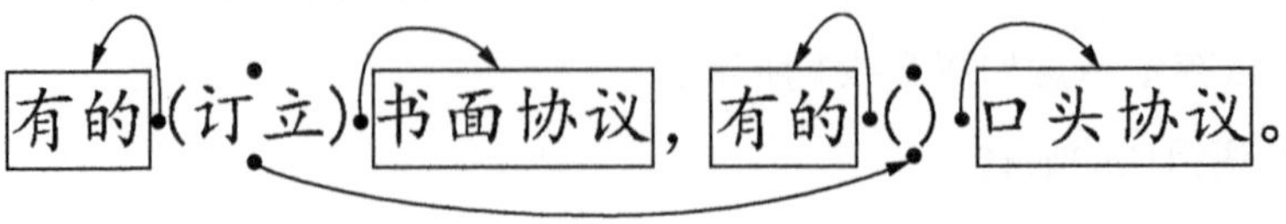

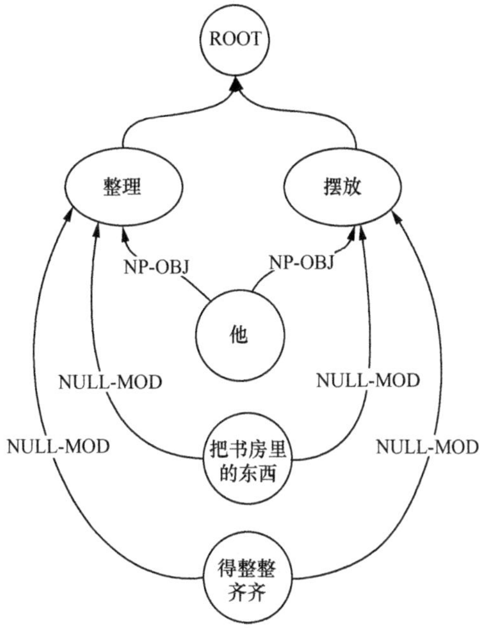

图 2-22　示例 49 转换后的组块依存图示意

示例 50 是一个述语组块缺省的句子，该句有两个述语组块，分别是“订立”和空述语，二者均为核心述语组块，均须与“ROOT”根节点相连。但是第二个核心述语组块是省略的空述语组块，因此，需要建立空述语组块与核心述语组块“订立”之间的联系，再分别建立其他组块与核心述语组块之间的联系。示例 50 转换后的组块依存图示意如图 2-23 所示。

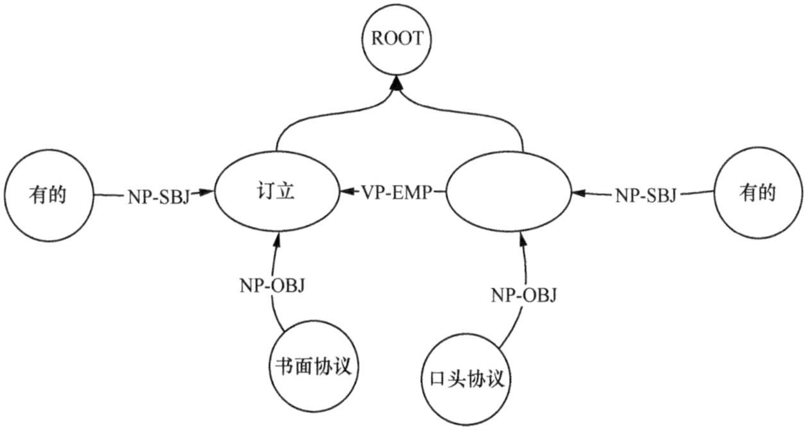

图 2-23　示例 50 转换后的组块依存图示意

（3）小块切分标注

小块切分主要分为主语或宾语组块的切分与修饰语组块的切分，具体介绍如下。

① 主语或宾语组块的切分

示例 51：他的书包（掉了），（很（伤心））。

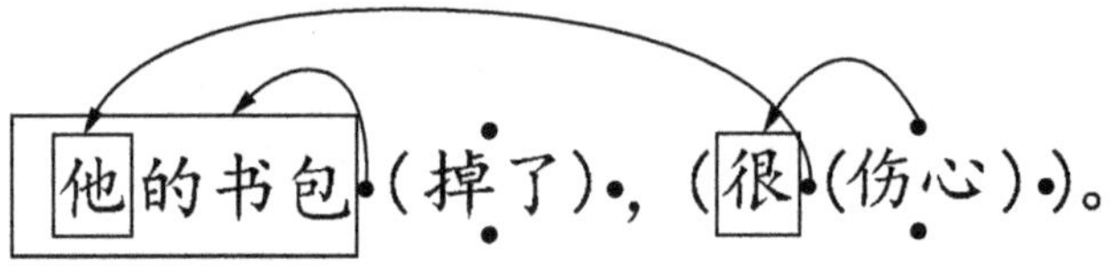

示例 51 是一个主语组块切分的句子，该句有两个述语组块，分别是“掉了”和“伤心”，二者均为核心述语组块，均须与“ROOT”根节点相连。但是第二个核心述语组块缺省主语组块，且其缺省的主语组块是第一个核心述语组块“掉了”的主语组块中的一部分，因此，首先需要对第一个核心述语组块的主语组块进行小块切分，即切分出第二个述语组块的主语组块“他”之后，再建立主语组块“他”与第二个主语组块“伤心”之间的联系；然后再分别建立其他组块与核心述语组块之间的联系。示例 51 转换后的组块依存图示意如图 2-24 所示。

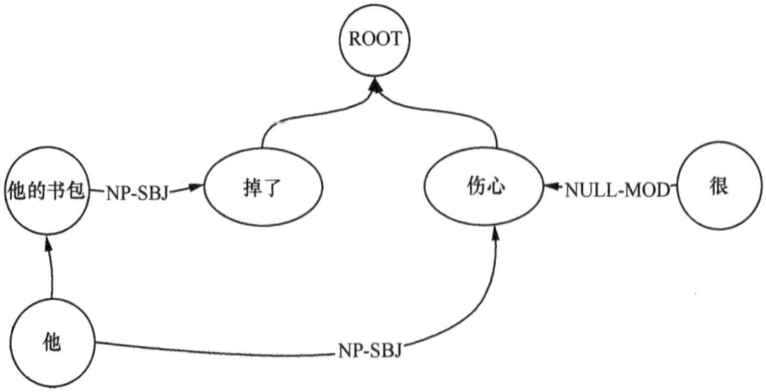

图 2-24　示例 51 转换后的组块依存图示意

② 修饰语组块的切分

示例 52：[今天通过这个方法对这件事，] 我们（有了）更清晰的认知。

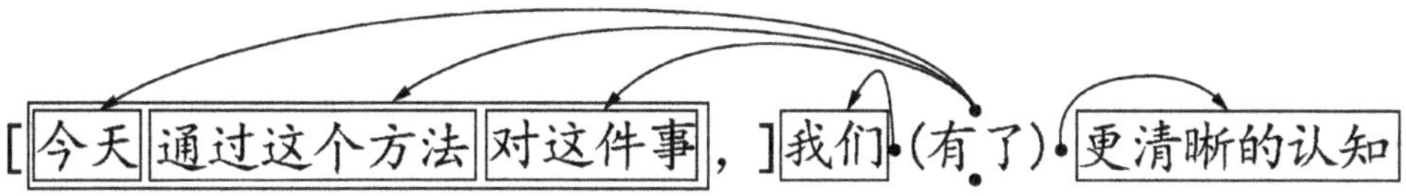

示例 52 是一个具有修饰语组块的句子，即状语组块或补语组块切分的示例，该句有一个述语组块“有了”，须与“ROOT”根节点相连。但由于其状语组块过于复杂，是由几个部分组成的，同时也为了构建意合图，所以需要对该复杂的状语组块进行小块切分。切分的原则是：表示时间的修饰语组块与介宾结构充当的修饰语组块需要切分出来，即首先切分出状语组块“今天”“通过这个方法”与“对这件事”，然后分别建立这些状语组块与核心述语组块之间的联系；最后再分别建立其他组块与核心述语组块之间的联系。示例 52 转换后的组块依存图示意如图 2-25 所示。

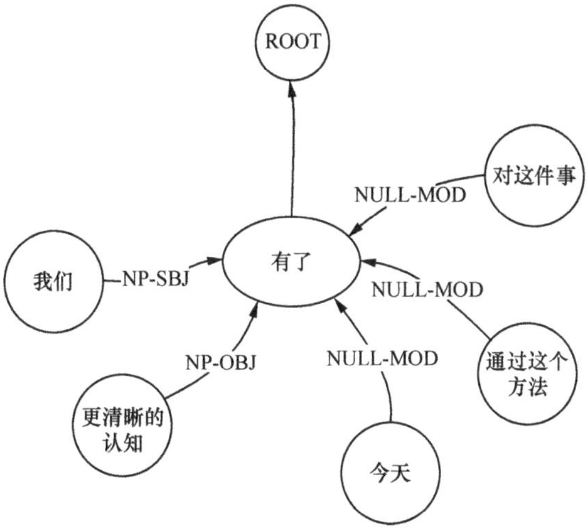

图 2-25 示例 52 转换后的组块依存图示意

2.3 组块依存图库构建

组块依存图库构建前期，主要以人工标注为主，分阶段、分语料和分层次逐步加入机器标注。根据用词与句法结构的复杂度，标注语料类型由简单到复杂逐步过渡，以便打磨规范、开发标注平台、训练标注人员、开发自动标注工具。组块依存图库构建后期用已标注的数据训练机器标注模型，采用由机器来标注、由人来校订的模式，标注其他语体文本，并不断用已标注的语料训练迭代机器标注模型，以标注模型表现的领域稳定性决定某一领域的语料规模。另外，注重长尾句型，根据机器标注的错误句型分布，动态增减相应句型的语料。

本小节主要从人工标注的平台与标注数据两个方面进行介绍组块依存图构建。

2.3.1 人工标注的平台

根据组块依存图库构建的不同阶段，我们搭建了两个标注平台，分别是组块句法结构标注平台和组块依存关系标注平台。这两个平台经过反复实践，均可以支持多人同时在线标注，大大提高了标注效率。

1. 组块句法结构标注平台

组块句法结构标注界面如图 2-26 所示。标注员选中组块进行标注，并添加句法标签；同时标注员可以使用模型辅助标注，单击图 2-26 中“模型标注块边界”按钮，组块句法结构标注界面将会呈现模型预标注提示，标注员可以在模型预标注的基础上进行修改。

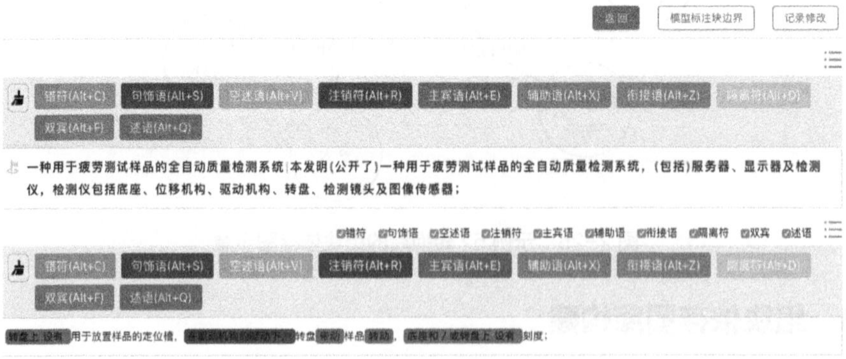

图 2-26 组块句法结构标注界面

2. 组块依存关系标注平台

组块依存关系标注平台的界面分为文本模式和画布模式，组块依存关系标注文本模式如图 2-27 所示，标注员可以对修饰语块进行块内分割、小块删除等。单击图 2-27 中"模型预标注"按钮可以查看模型预标注的结果，单击"关系展示（E）"按钮可以查看某一个组块依存关系，单击"查看全部（A）"按钮可以查看所有依存关系，并进入画布模式。

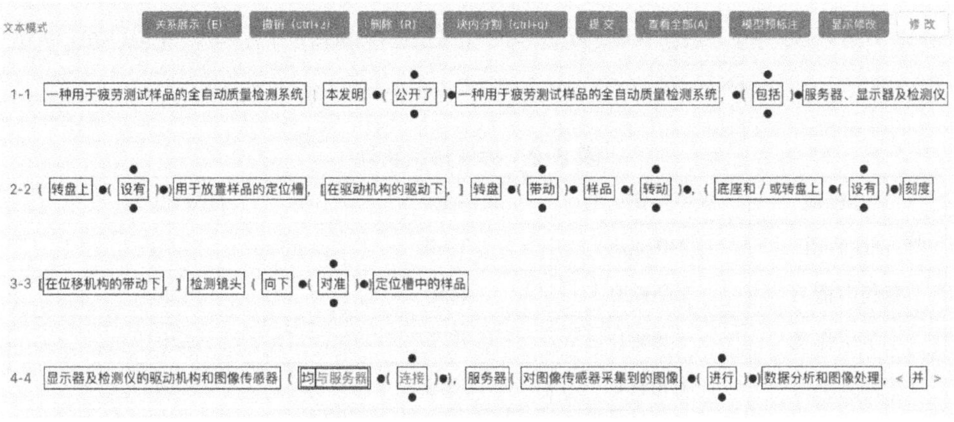

图 2-27　组块依存关系标注文本模式

组块依存关系标注画布模式如图 2-28 所示。标注员可以根据预标注结果添加和修改依存关系。

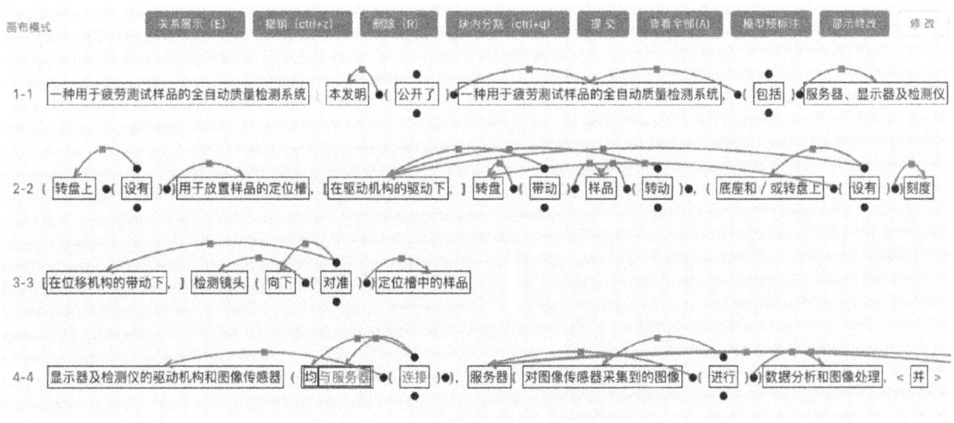

图 2-28　组块依存关系标注画布模式

2.3.2 标注数据

两个阶段的标注均以新浪与新华社新闻、百度百科、专利申请书、小学生作文、法律判决书等应用性文本为标注语料，共计 1100 万余字，标注语料统计见表 2–2。数据标注质量以 Kappa[1] 值为计算标准。其中，组块结构树已标注完所有数据，平均 Kappa 值为 0.87，29% 的文件 Kappa 值超过 0.9；依存图库尚未对所有数据进行标注，截至 2022 年 10 月 5 日，共标注了 8780 个文本、合计 7447580 字，包括 163847 个句子，包括 459857 个小句，平均 Kappa 值为 0.92。

表 2–2　标注语料统计

文本领域	汉字字数 / 个	文件数 / 个	百分比 /%
百度百科	2301456	3149	21.90
专利申请书	3370920	4456	31.00
小学生作文	246491	475	3.30
法律判决书	640414	1273	8.86
新闻	4686440	4995	34.75
科技说明文	22662	28	0.19
合计	11268383	14376	100

1. Kappa 是一种衡量分类精度的指标，用于一致性检验。所谓一致性检验就是模型预测结果和实际分类结果是否一致。需要说明的是，Kappa 值通常为 0 ～ 1。

第 3 章
意合图语义表示

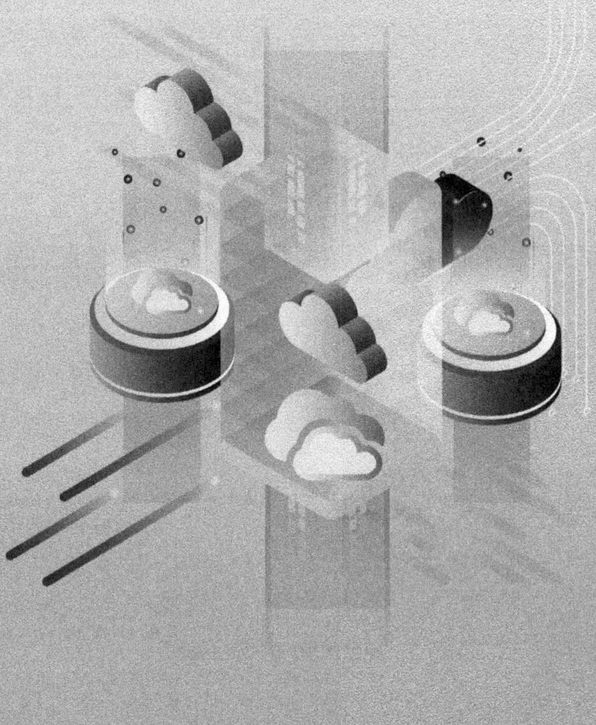

3.1 意合图的表示理念

汉语是一种“注重意合，略于形态，依靠语境”的语言。一个好的语义表示方法如果要达到“句法上合法、语义上合理、语用上合适”，就必须在语言、计算、应用 3 个方面进行有效平衡，因此，意合图在设计中必须充分考虑这一核心思想，本节将从语言观、计算观、应用观 3 个方面来介绍意合图的表示理念。

3.1.1 语言观

1. 符合人类对语言的认知

事件是人类理解现实世界的基本语义单元，且事件具有较强的表达能力。因此，意合图采用以事件为中心的统一的语义表示体系，不仅将句内的具体事件表示为事件结构，同时将句子、段落、篇章等复杂语言单位也表示为事件结构。具体来说，一个或多个事件构成句子语义，同时又将句子抽象为以根节点为核心的复杂事件；一个或多个复杂事件构成段落语义，由此层层递进，可以将句内、句间、段落，甚至篇章内的语义关系以事件为中心进行一致性的表示。这种表达方式符合人类理解语言时层层组装的认知过程，意合图统一的表示体系如图 3-1 所示。

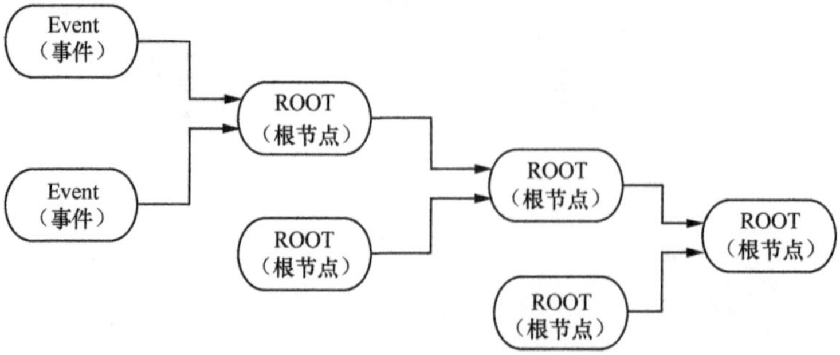

图 3-1 意合图统一的表示体系

意合图中对事件的具体表示做了清晰的定义，即每个事件由事件结构和实体结构构成。事件结构和实体结构分别对应谓词性成分和体词性成分在特定句法位置上的“语义功能”，即用事件结构表示谓词性成分的“陈述”功能，“语义功能”具体是指对特定的过程、性质或状态进行断言；用实体结构表示体词性成分的“指称”功能，此时，“语义功能”也是指特定的事物概念。

2. 符合语言层次性的特点

语言具有层次性的特点，同时，语言有不同层级的语言单位，例如，词、短语、句子、段落、篇章等。意合图这一表征形式能够容纳多层次的语义信息，且对不同层次的语义信息有所区分，使其更具层次性。一般情况下，句子表达的是一个较为完整的意义片断，是语言运用的基本单位。

意合图以事件为核心，不仅可以表示句子一级的语义，也可以表示更高层级语言单位的语义。从整体角度看，意合图是承载事件实体信息的语义网络，将句子语义分为事件关系和实体关系。

其中，事件关系又分为事件内语义关系和事件外语义关系两种。需要强调的是，事件内语义关系又分为论元关系、情态关系、时态关系 3 种。而论元关系又分为核心论元和边缘论元两种。事件外语义关系则是事件与事件之间的关系。

实体关系分为实体内语义关系和实体外语义关系两种。其中，实体内语义关系包括实体的属性、属性值；实体外语义关系是指实体和实体之间的关系。意合图语义关系体系如图 3-2 所示。

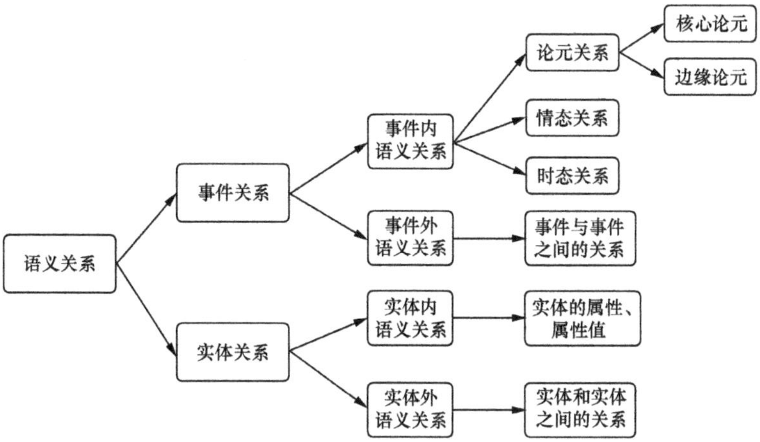

图 3-2　意合图语义关系体系

3.1.2 计算观

1. 句法语义计算路径

意合图中从句法结构到语义结构的可计算路径，主要体现在以下两个方面。

一方面，从语言自身来看，句子的句法结构与语义结构有较强的同构性。因此，意合图在表示中充分考虑了句法语义存在一致性的特点，为意合图分析保留了句法结构接口。意合图在对句子语义进行表示时，充分考虑了介词、助词等虚词，以及汉语的句式句型等固定结构在语义表示中的作用。因此，意合图也可借助这些形式化手段进行计算。例如，组块依存结构体现了句子句法层面的骨架信息，由于句法语义具有一致性的特点，所以这种句法信息可以为意合图提供核心语义信息。如果在组块结构的基础上，继续进行组块内部的句法语义分析，则可得到意合图中更丰富的语义表示，也就构建了句法语义连通的接口。

另一方面，意合图在构建时，除了可以利用句法结构信息，还可以针对汉语的特点，构建语法搭配知识库与语义搭配知识库，为意合图中语义关系的确定提供参考依据。上述计算路径可以通过基于网格的语言结构分析框架实现，以有限状态自动机与网格的互动为平台，利用编程语言对语法及语义知识进行计算。

2. 模块化

意合图是层级化的表示体系，因此，意合图分析可以按照层级分解为多个子模块，例如，事件结构分析可以分为事件内结构分析和事件外结构分析两种。其中，事件内结构分析还可以进一步分解为事件词识别、论元分析和情态分析等；事件外结构分析包括事件之间关系的识别等。综合利用符号计算与参数计算各自的优势，这些分析可以交由基于网格的语言结构分析框架中不同的代码功能模块进行处理，例如，进行事件词识别时，句法结构分析的参数模型可以得到较准确的分析结果；进行情态分析时，可以通过构建情态词的语义知识库，利用符号计算得到情态词的语义类型。

3.1.3　应用观

1. 覆盖面大

意合图包含了实体结构和事件结构两种，能够与目前主流的知识图谱和事理图谱对接。例如，对于篇章或段落进行语义分析可以生成意合图，在意合图的基础上，结合领域知识进行推理，推导出相应的知识图谱和事件链。大批量领域数据在进行意合图分析时，可以得到领域本体图谱与事理图谱。同时，意合图的表示结果也可以为其他下游应用提供领域数据基础，例如，实体关系抽取、情感分析等。

2. 针对性强

汉语是一种高度意合的分析型语言，对语境的依赖性较强，语义关系的表达与衔接缺乏显性标记。同时，汉语的语序灵活，同样的语义内容可以由不同的语言形式表达。事先制定详细复杂的语义体系不但需要耗费大量的人力和物力，而且不能很好地与应用对接。因此，意合图表示中一般情况下只给出粒度较粗的语义关系，不对其进行细致分类，在具体应用场景中，再根据实际需求对其细化，使其在应用中更为便捷、高效，并且定向定制的研发方案也使后续分析过程有更好的可解释性与可控性。

3.2　意合图的表示体系

3.2.1　意合图的定义

意合图是以事件为中心的语义表征图，为单根有向图。单根有向图中的节点对应承载实体和事件的语言单元，单根有向图中的边为有向边，可表示事件与实体、事件与事件、实体与实体之间的语义关系。意合图的抽象表示如图 3–3 所示，图 3–3 中有一个根节点，用圆角矩形表示，句子中的核心谓词与根节点连接，便于把握句子的核心语义信息。意合图中使用圆角矩形表示事件词，事件词意外的其他节点统一用矩形来表示。实体与实体、实体与事件、事件与事件之间的语义关系用有向边表示，在有向边上标出关系标签或属性名，由被支配节点指向支配节点。

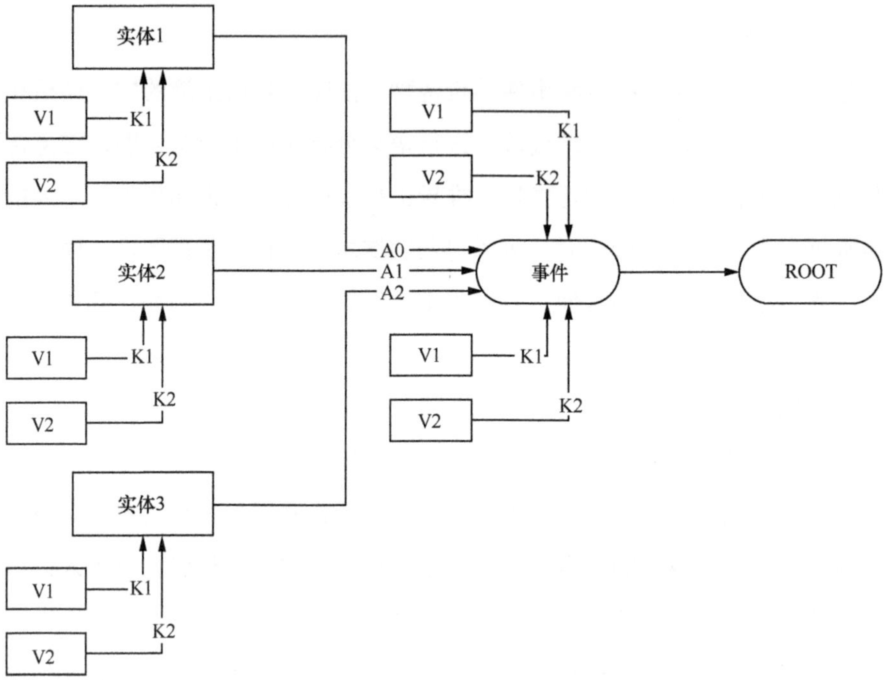

注：V 表示属性对应的属性值；K 表示属性；A 表示事件的论元。

图 3-3　意合图的抽象表示

3.2.2　意合图的构成

意合图的主体由事件结构与实体结构两个部分构成。其中，事件结构是小句的核心，表示事件或状态的变化。一般情况下，一个小句中只有一个核心谓词，但也有特殊情况，例如，连谓句、兼语句等有多个核心谓词。实体结构是核心谓词的主要论元，一般包括主客体论元与双宾句中的直接论元和间接论元。

1. 事件结构

事件结构包括事件内结构与事件外结构两种。其中，事件内结构是以句子的谓词为中心，承载谓词论元信息与情态信息的结构；事件外结构承载的是事件结构之间的关系。一个意合图包含一个或多个事件结构，在意合图中，采用圆角矩形表示事件结构中的事件词，事件词周围用有向边关联与其相关的语义信息。其中，意合图中的上面、下面、左面表示的是事件内结构，是事件词的输入，意合图的右面表示的是事件外结构，是事件词的输出。事件结构如图 3-4 所示。事件词 4 个方向的具体语义内容说明如下。

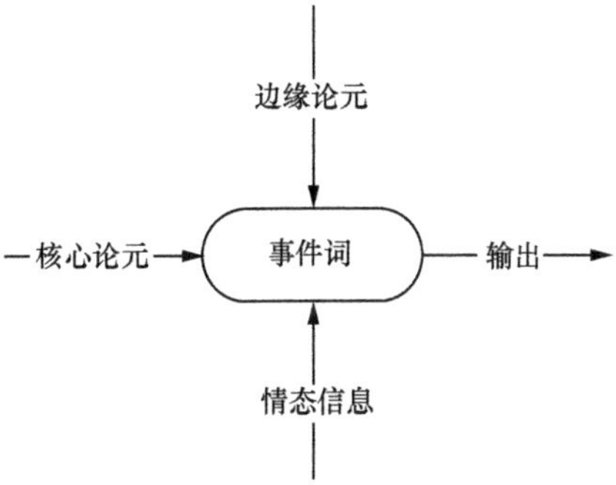

图 3-4　事件结构

（1）事件词的左面

在事件结构中，左面的输入一般为事件词的核心论元。核心论元通常是指在句法上占据主语或宾语位置，在语义上与事件直接相关的语义角色。谓词与核心论元之间的语义关系用 A0、A1、A2 来表示，有向边由核心论元指向事件谓词。双宾句示例 1 如下，意合图示例 1 如图 3-5 所示。

示例 1：我送他一束花。

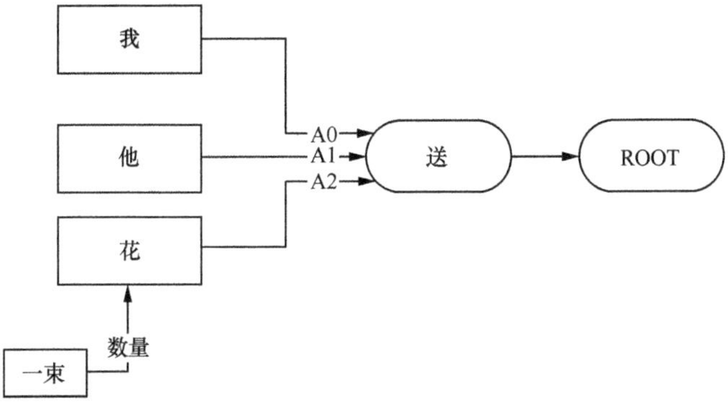

图 3-5　意合图示例 1

（2）事件词的上面

在事件结构中，上面的输入一般为该事件词的边缘论元信息，通常用介词、方位词等格标记[1]引导。例如，示例 2 中的“毛笔”是“画”的边缘论元，用介词格标记“用”引导。意合图示例 2 如图 3-6 所示，“毛笔”在事件词“画”的上方表示。

1. 格标记是指引导论元的介词、方位词。

示例 2：我用毛笔画了一幅画。

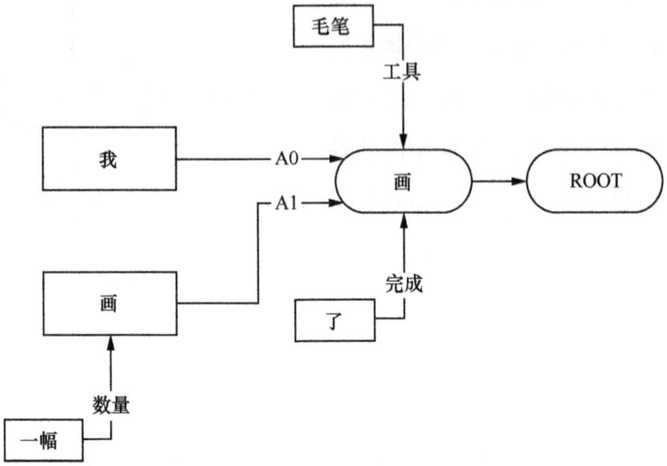

图 3-6 意合图示例 2

（3）事件词的下面

在事件结构中，下面的输入一般为该事件词的情态信息。情态信息也可以有事件结构充当。意合图示例 3 如图 3-7 所示，“非常严厉”整体作为一个事件结构与事件谓词关联。

示例 3：警察非常严厉地打击了经济犯罪行为。

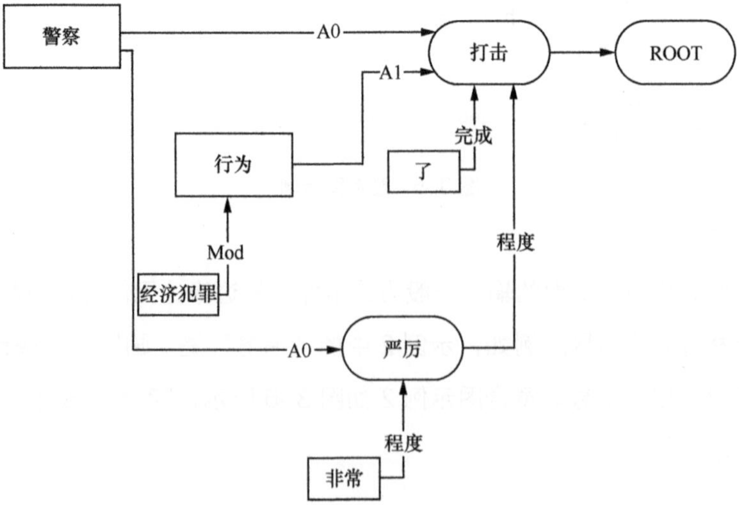

图 3-7 意合图示例 3

（4）事件词的右面

在事件结构中，事件词的右面表示当前事件结构，作为其他事件词的输入，事件词有 4 种类型：一是“ROOT”根节点作为事件词；二是可以带谓主、谓宾事件词；三是表示事件关系的事件词；四是表示隐性关系的事件词。

a. “ROOT”

如果当前谓词为核心事件谓词，其右侧与“ROOT”根节点连接。核心事件谓词是指句子中充当述语的核心谓词，例如，示例 4“我哭肿了眼睛”，这句话中有“哭”“肿”两个事件谓词，但核心事件谓词是“哭”，即“哭”这个事件节点需要与“ROOT”根节点连接，而“肿”这个事件节点不需要与 ROOT 根节点连接。意合图示例 4 如图 3-8 所示。这种表示方法更有利于我们掌握句子的主干信息。

示例 4：我哭肿了眼睛。

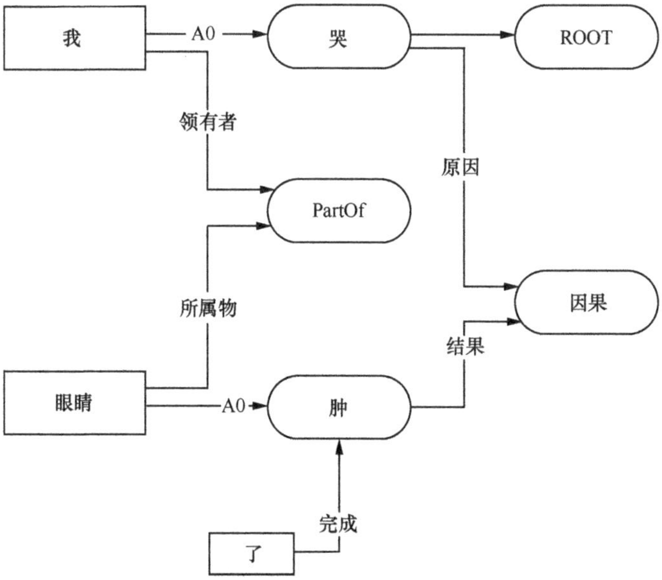

图 3-8 意合图示例 4

b. 谓主谓宾

● 谓宾句

在示例 5 中，“吃苹果”是“喜欢”的谓词性宾语，意合图示例 5 如图 3-9

所示，意合图示例 5 中的事件谓词“吃”充当核心事件词“喜欢”的核心论元。

示例 5：他喜欢吃苹果。

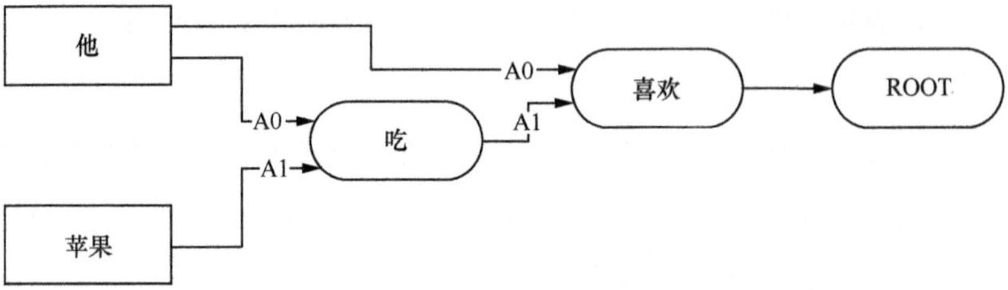

图 3-9　意合图示例 5

● 谓主句

在示例 6 中，“打扫教室”是动宾结构，作为“是”的谓词性主语，意合图示例 6 如图 3-10 所示，意合图示例 6 中的事件谓词“打扫”充当核心事件谓词“是”的论元。

示例 6：打扫教室是值日生的任务。

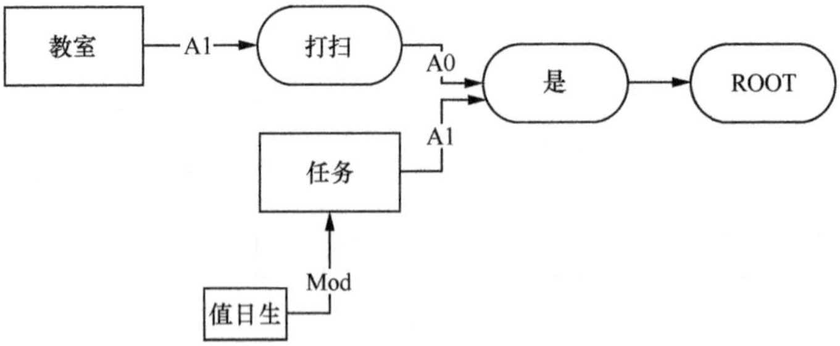

图 3-10　意合图示例 6

c. 事件关系

示例 7 的前后小句存在转折关系，意合图示例 7 如图 3-11 所示，“黑”和“发现”分别充当事件关系“转折”的输入。

示例 7：尽管天很黑，敌人还是被我们发现了。

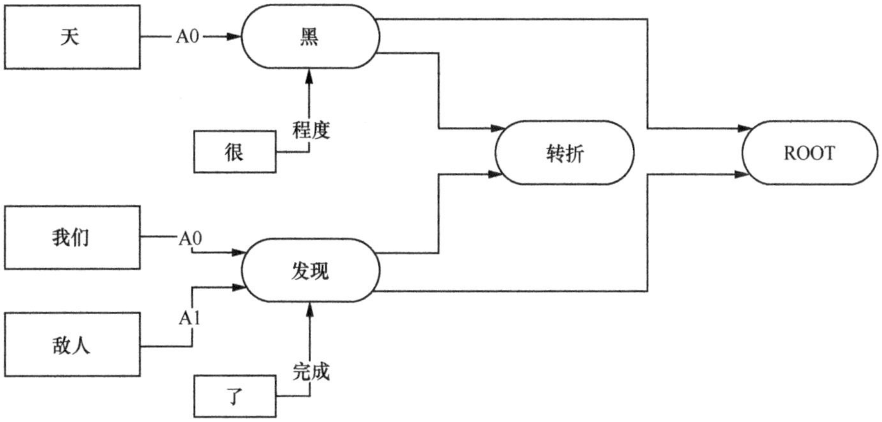

图 3-11　意合图示例 7

d. 隐性事件词

意合图定义了隐性事件词来表示一些特殊的关系，例如，用“Ref”表示同指等，隐性事件词的输入可以是实体，也可以是事件。意合图示例 8 如图 3-12 所示，其中，“紧张”右边充当“Ref”的输入，表示“现象”的具体内容。

示例 8：降价后的宝马已经出现货源紧张的现象。

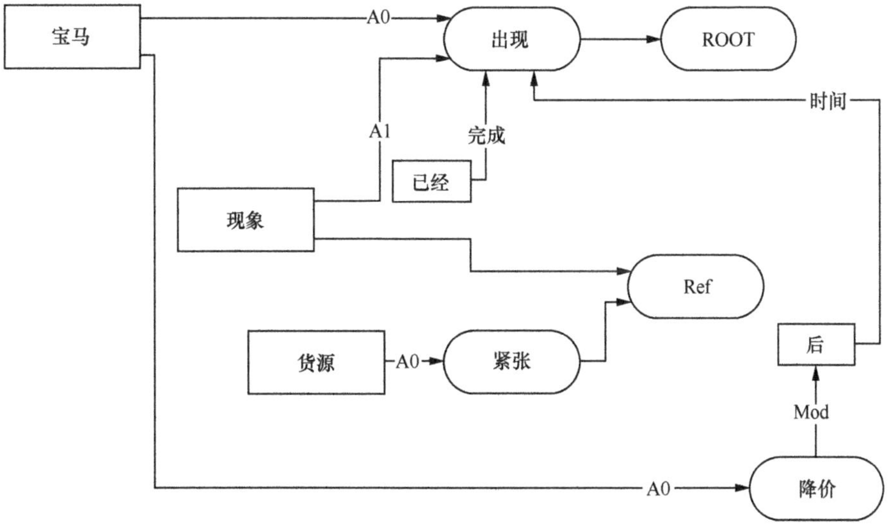

图 3-12　意合图示例 8

2. 实体结构

实体结构包括实体内结构与实体外结构两种。其中，实体内结构由句子中名词（实体）及其修饰性成分构成；实体外结构承载该实体与其他实体或事件之间的关系。一个意合图包含一个或多个实体结构，实体词周围用有向边关联与其相关的语义信息。与事件结构不同，实体结构只有下输入与右输出。实体结构如图 3–13 所示。本小节将分别介绍实体结构两个方向的语义内容。

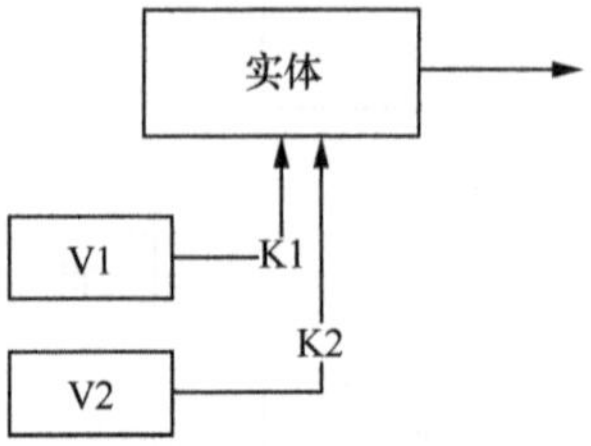

图 3–13　实体结构

（1）实体结构的下面

在实体结构中，实体结构的下面的输入一般为该实体词的修饰信息，实体结构的修饰信息除了“时间、地点、数量”，都标记为“Mod”，不做细化。与事件结构相同，意合图中以句法成分为单位进行表示，而不是以词语为单位。实体结构的核心节点一般由主语或宾语的中心语来充当。例如，意合图示例 9 中的实体结构有两个：“她们”和“漂亮的容颜”。其中，“她们”作为谓词主体论元的核心节点，“容颜”作为谓词客体论元的核心节点。意合图示例 9 如图 3–14 所示。

示例 9：她们都有漂亮的容颜。

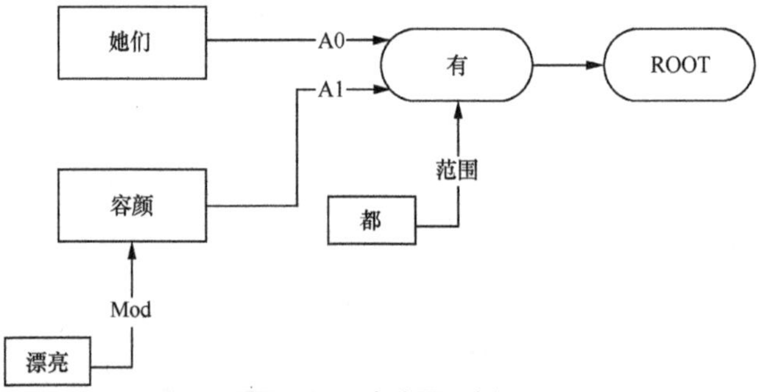

图 3–14　意合图示例 9

另外，需要注意的是，小句中还存在以下几种特殊情况。

① 含有谓词的专有名词作为中心语的修饰语时，将其整体处理为实体节点，不将其内部动词、形容词作为事件谓词，例如，“外贸投资公司”。

② 中心语为动词时，如果是类似“法制建设”的“N+V”（名词 + 动词）搭配，则将中心语动词看作实体；如果是类似“这种情况的出现”的“……的 V（动词）”搭配，则不将中心语动词看作实体。

（2）实体结构的右面

在实体结构中，实体结构的右面为实体词的输出，在语义上一般充当事件谓词的论元，可以是核心论元，也可以是非核心论元。

在意合图示例 10 中，“我”与“玫瑰花”分别充当事件谓词“喜欢”的核心论元，意合图示例 10 如图 3–15 所示。

示例 10：我喜欢粉色的玫瑰花。

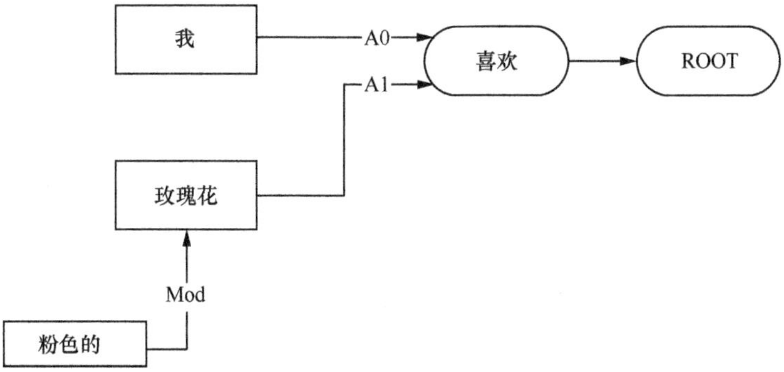

图 3–15　意合图示例 10

在意合图示例 11 中，“毛笔”作为事件词“画”的非核心论元，意合图示例 11 如图 3–16 所示。

示例 11：我用他制作的毛笔画山水画。

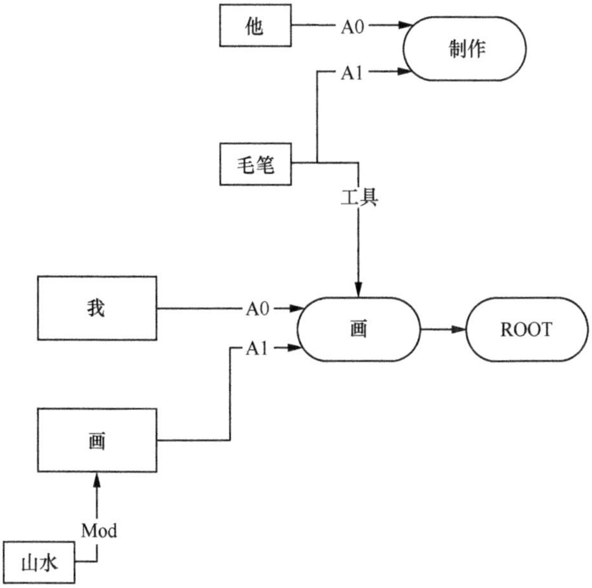

图 3–16　意合图示例 11

3.3 意合图中的事件结构

3.3.1 事件结构中的事件词

在意合图的表征体系中，事件词是每个事件结构的核心组成部分，包括显性事件词和隐性事件词两种。其中，显性事件词主要是谓词，一般会在句子中出现，由动词或形容词充当，可以出现在任意句法成分上；隐性事件词为自定义的关系词，主要用来表示事件或实体之间的关系，一般由句法结构或句中相关词语激活，包括“与”“或”等逻辑关系，同指[1]关系、整体部分等实体关系，以及并列、转折、因果等事件关系等。意合图的事件词类型如图 3-17 所示。

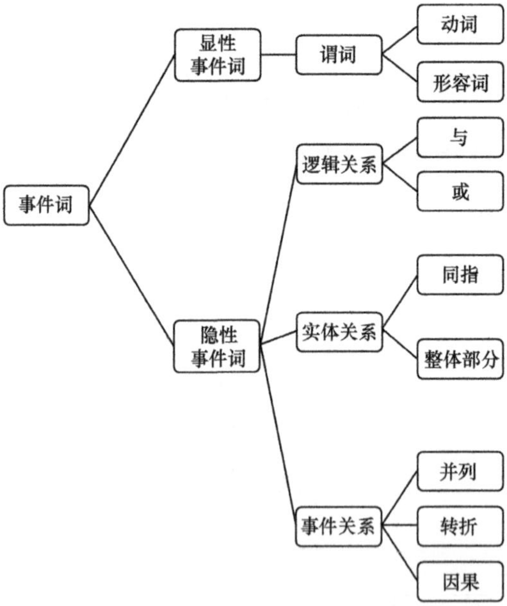

图 3-17　意合图的事件词类型

意合图的表征体系将“ROOT”根节点看作一种特殊的事件词，代表一个句子，用圆角矩形表示。这种做法不仅能够清晰地表示句子内各层次的语义信息，也能表示句子间的语义信息，使意合图的语义体系更完整，也更有层次性。接下来，本小节将具体介绍“ROOT”根节点事件词承载的语义内容。

---

1. 同指表示二者所指事物为同一事物，例如，全称“北京语言大学”和缩略语“北语”，二者所指的是同一事物。

“ROOT”根节点左侧表示的是该事件词的输入，承载同一个“ROOT”根节点下各核心事件词之间的关系，根据事件谓词在句子中出现的顺序在“ROOT”根节点左侧从上往下排列，在句子中出现较早的事件谓词在上方，出现较晚的事件谓词在下方，采用这种方式表示事件发生的时序关系。

“ROOT”根节点右侧表示的是该事件词的输出，承载句子之间的语义关系。

意合图示例 12 如图 3-18 所示。

示例 12：我们打扫完教室就去吃饭了。

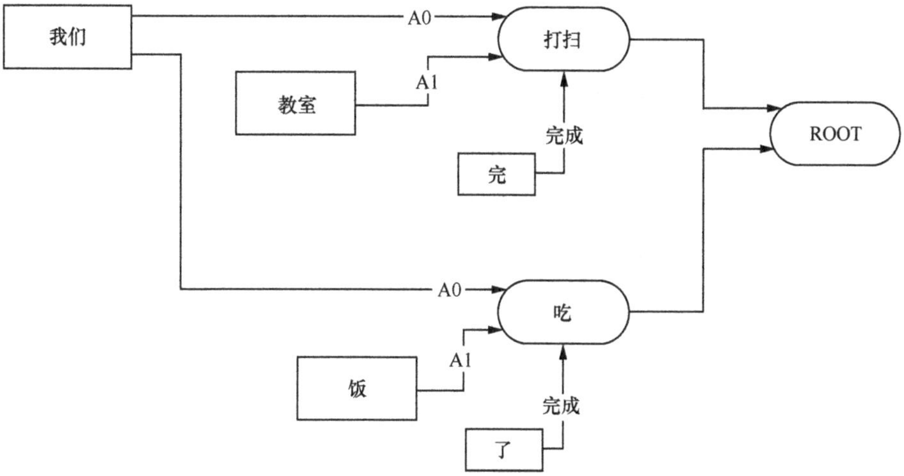

图 3-18　意合图示例 12

1. 显性事件词

显性事件词通常由句子中的动词、形容词激活，由于动词、形容词数量庞大，所以本小节将从句法位置的角度来介绍动词、形容词激活显性事件词的具体情况。

（1）述语中的显性事件词

述语中的显性事件词一般由动词、形容词激活。

① 述语中的动词

默认事件词由句中的述语充当，但当述语符合以下几种情况时，事件谓词不用激活。

情况 1：述语是“进行、给予、加以”类的形式动词。意合图示例 13 如

图 3-19 所示。

示例 13：警察正在对事故原因进行调查。

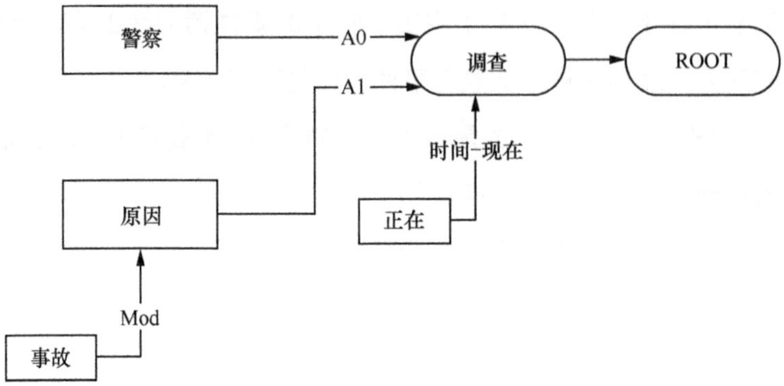

图 3-19　意合图示例 13

情况 2：当述语“发起”“发出”“做”“搞”等表示泛化意义，且带谓词性宾语时，宾语中的谓词往往是实义动词。意合图示例 14 如图 3-20 所示。

示例 14：他们请专家做鉴定→他们请专家鉴定

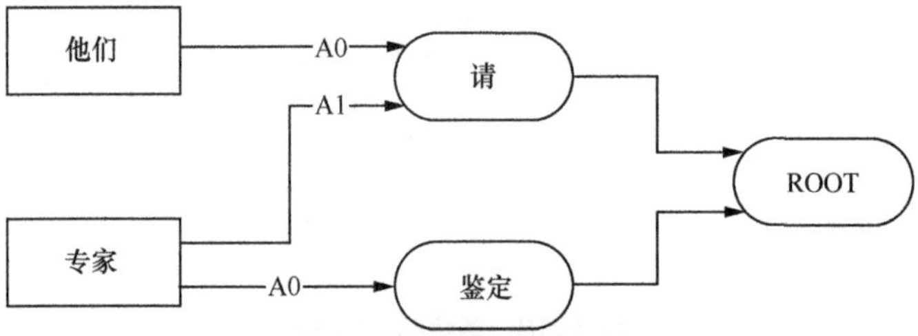

图 3-20　意合图示例 14

情况 3：述语是“有”，且表示“发生或出现”时，意合图示例 15 如图 3-21 所示。

示例 15：近年来，学校和企业的友好合作形式有了新发展。

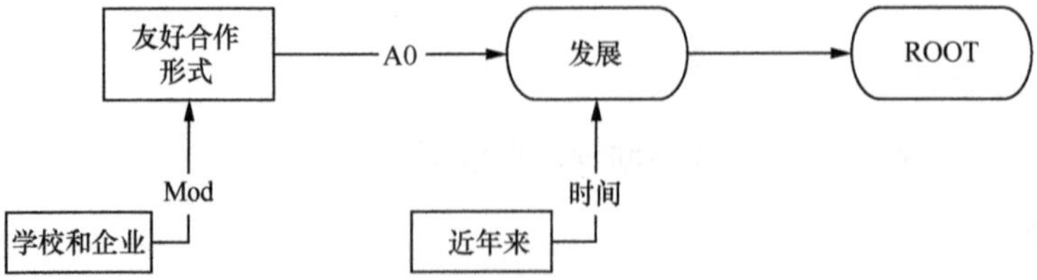

图 3-21　意合图示例 15

② 述语中的形容词

形容词作述语时，激活事件词。意合图示例 16 如图 3-22 所示。在示例 16 中，“不正常”是述语，当作事件词来处理。

示例 16：最近小王有点不正常。

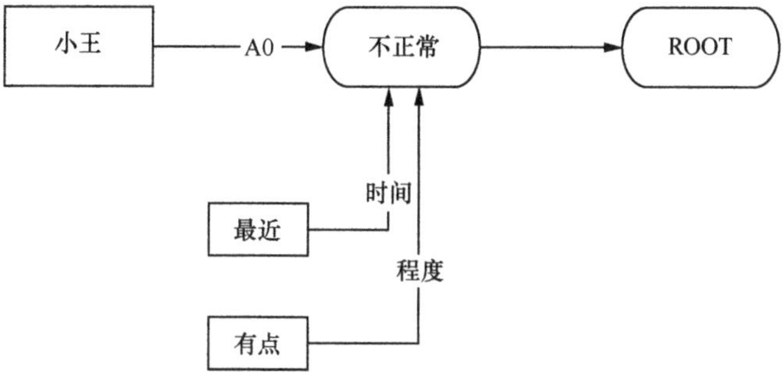

图 3-22　意合图示例 16

（2）定语中的显性事件词

定语中的显性事件词一般由动词、形容词激活。

① 定语中的动词

情况 1：单个动词直接作定语或定语中心语时，不激活事件谓词，例如，“联系方式”“经济建设”“管理人员”“创新意识”等。意合图示例 17 如图 3-23 所示。

示例 17：政府致力于组建创新型团体，不断增强创新意识。

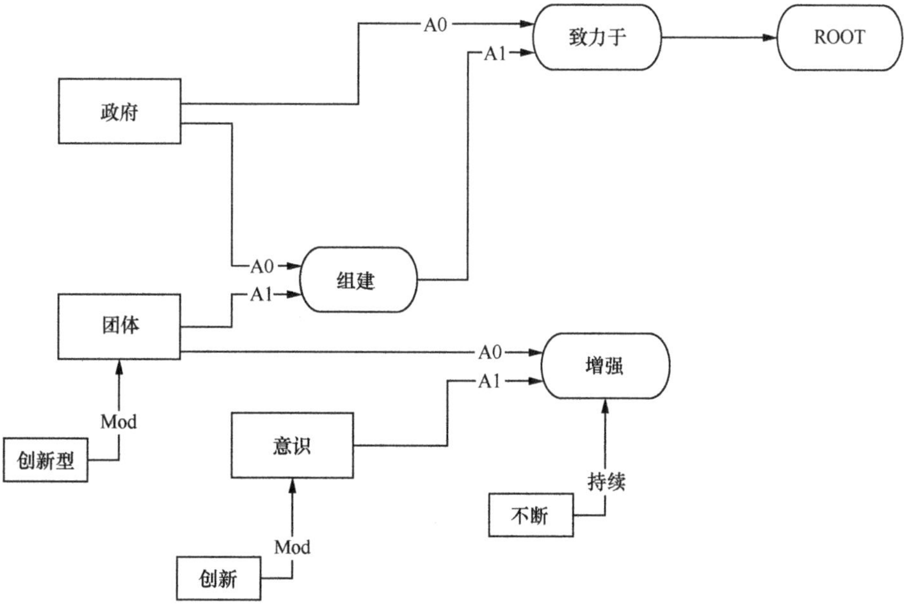

图 3-23　意合图示例 17

情况 2：动词带“的”作定语，主谓结构、动宾结构或小句作定语，可以分为以下两种类型。

a. 中心语是动词的主体或客体，将动词处理为事件谓词。意合图示例 18 如图 3–24 所示。

示例 18：警察终于找到了离家出走的孩子。

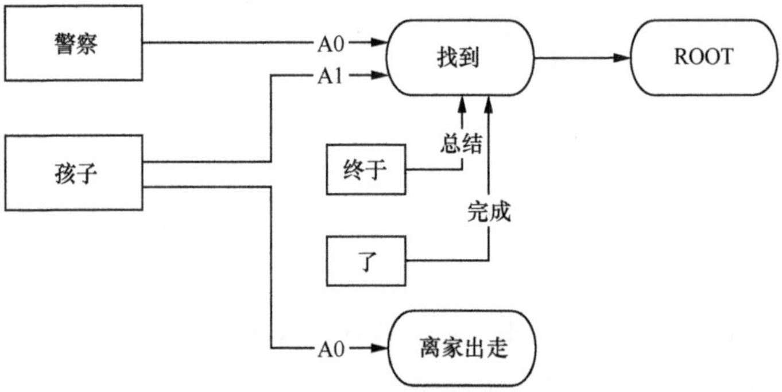

图 3–24　意合图示例 18

b. 中心语不是动词的主客体时，如果能在句子中找到动词的主论元，则将动词处理为事件谓词，同时该事件谓词需要与中心语通过“Mod”连接。意合图示例 19 如图 3–25 所示。

示例 19：企业缺乏生产化肥的经验。

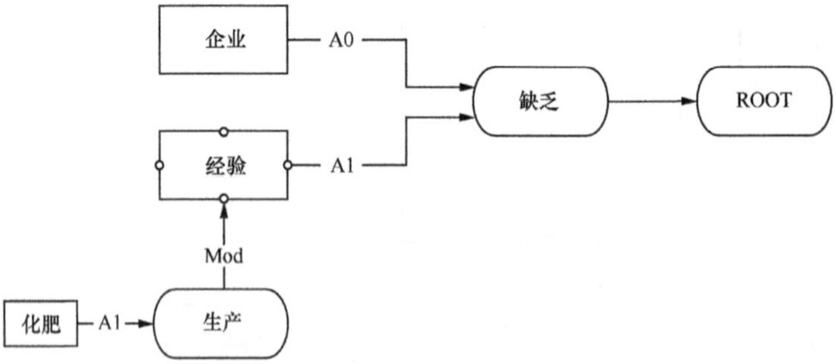

图 3–25　意合图示例 19

情况 3：“VP+f”整体表示时间且作定语时，将该“VP”中的核心动词处理为事件词，“VP”与“f”之间用“Mod”连接，同时将“f”处理为核心事件词，表示时间的情态信息。意合图示例 20 如图 3–26 所示。

示例 20：降价后的宝马已经出现货源紧张的情况。

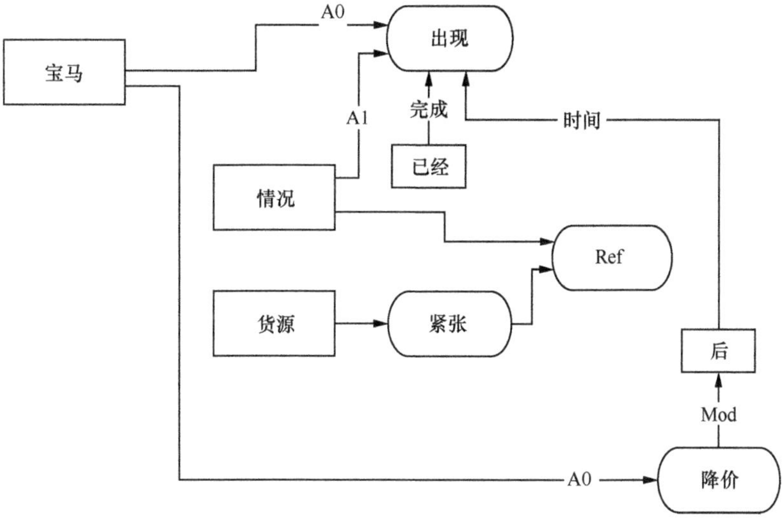

图 3-26　意合图示例 20

情况 4："P+VP" 整体作定语，即介词介引[1]谓词性宾语时，谓词性结构中的动词充当事件谓词，同时该事件词与介宾的中心语通过 "Mod" 连接。意合图示例 21 如图 3-27 所示。

示例 21：我们要认真倾听各界人士对开展术语平台修订的意见。

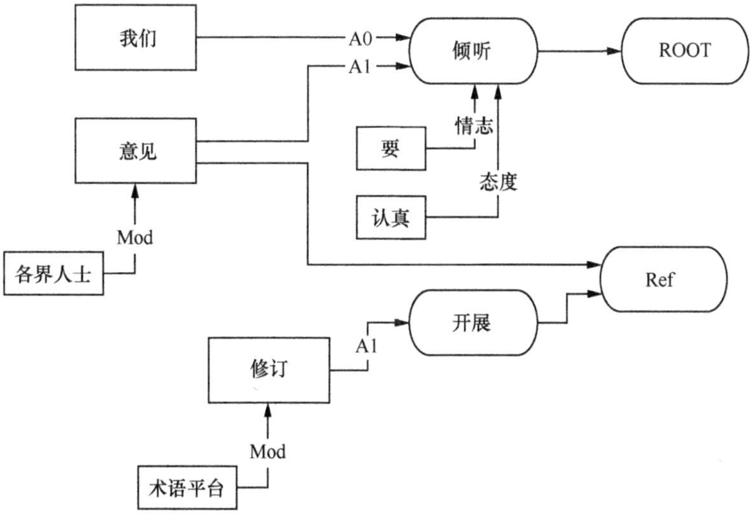

图 3-27　意合图示例 21

1. 介词介引是指介宾短语中介词引导其后成分的功能。

② 定语中的形容词

情况 1：形容词直接作定语或带“的”作定语时，不作为事件谓词，而是将其处理为名词中心语的属性。如果形容词带有状语或补语，则连同状语或补语整体处理为中心语的属性。意合图示例 22 如图 3-28 所示。

示例 22：菲林公司看中一位才华横溢的学生。

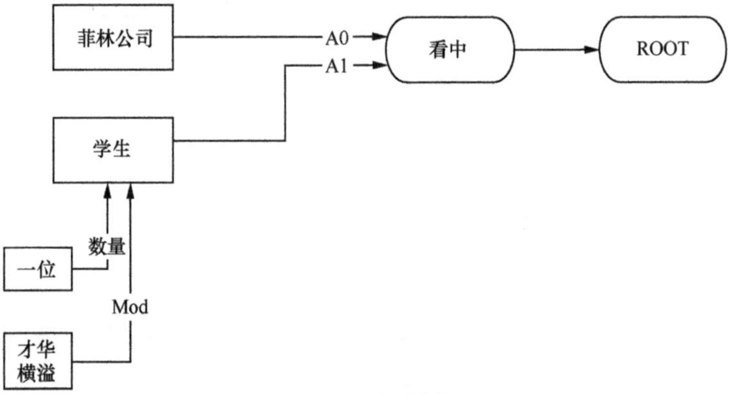

图 3-28　意合图示例 22

情况 2：主谓结构作定语且主谓结构中的谓语是形容词时，形容词充当事件谓词，并且事件谓词与定语中心语之间用“Mod”连接。意合图示例 23 如图 3-29 所示。

示例 23：北京是一个生活条件较好的城市。

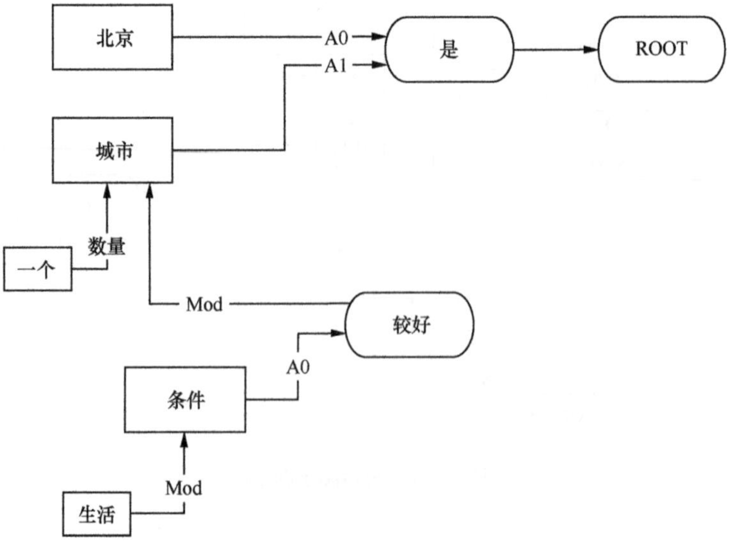

图 3-29　意合图示例 23

（3）状语中的显性事件词

① 动词、形容词直接或带“地”、或带其他修饰成分作状语时，当动词或形容词可以在小句中找到主体或客体论元时，将其当作事件词处理，否则，不激活事件词，将其处理为核心事件词的修饰语。例如，示例 25 中的“连续”作状语，则不处理为事件词。意合图示例 24 如图 3-30 所示。

示例 24：男孩坦白地揭穿了这个骗局。

示例 25：打印机连续扫描了 12 小时。

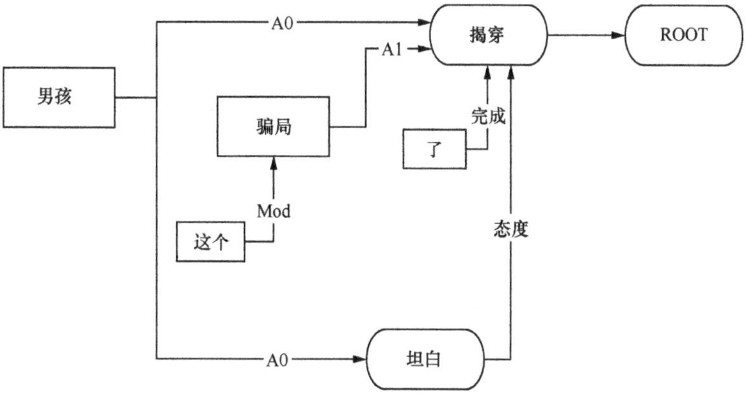

图 3-30　意合图示例 24

②“动词 + 着”作状语时，动词充当事件词。意合图示例 26 如图 3-31 所示。

示例 26：他笑着说了很多真心话。

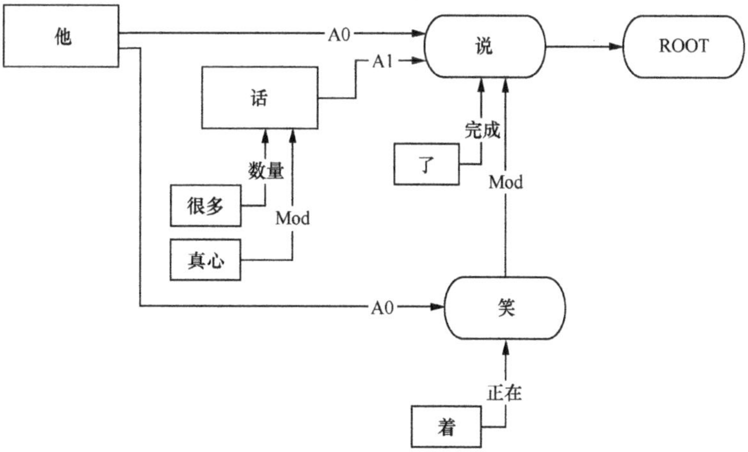

图 3-31　意合图示例 26

③ 动宾结构作状语、动词充当事件词，且事件词与核心事件词之间用“Mod”连接。意合图示例 27 如图 3–32 所示。

示例 27：他乘公交车回家了。

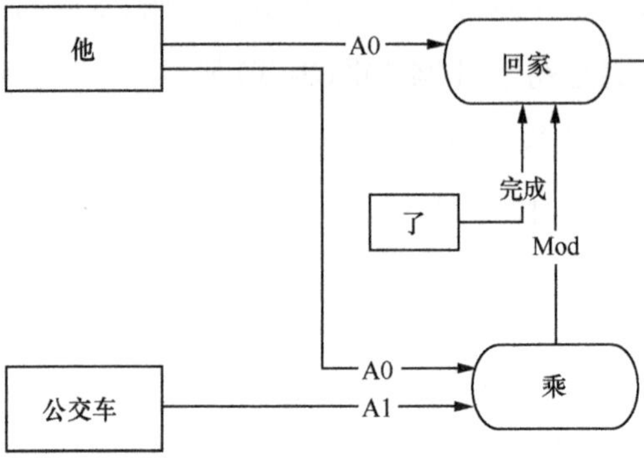

图 3–32 意合图示例 27

④ 谓词性介宾结构作状语、动词充当事件词，且事件词与核心事件词之间用“Mod”连接。意合图示例 28 如图 3–33 所示。

示例 28：领导对正在开展的冬季防火工作提出了指导意见。

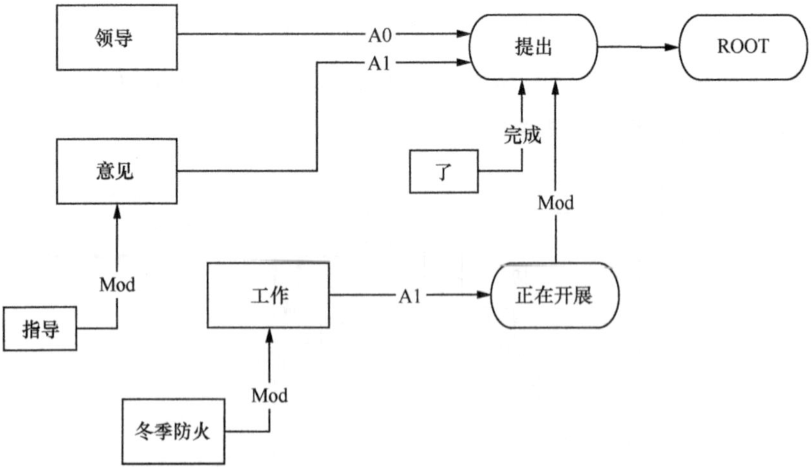

图 3–33 意合图示例 28

（4）补语中的显性事件词

① 单个动词、形容词作补语

补语动词的语义指向述语时，将其当作事件属性来处理，不充当事件词；

补语动词的语义指向主语或宾语时，充当事件词，且补语激活的事件结构与述语激活的事件结构之间用“Mod”连接。补语动词的语义指向述语，意合图示例 29 如图 3-34 所示；补语动词的语义指向主语，意合图示例 30 如图 3-35 所示。

示例 29：我们刚打扫完教室。

示例 30：我完全没听懂他的话。

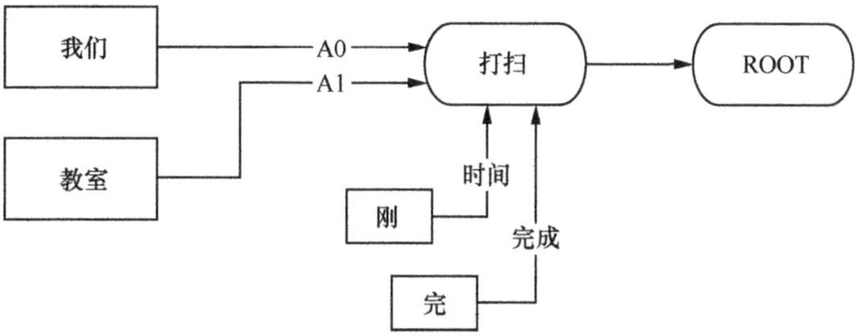

图 3-34　意合图示例 29

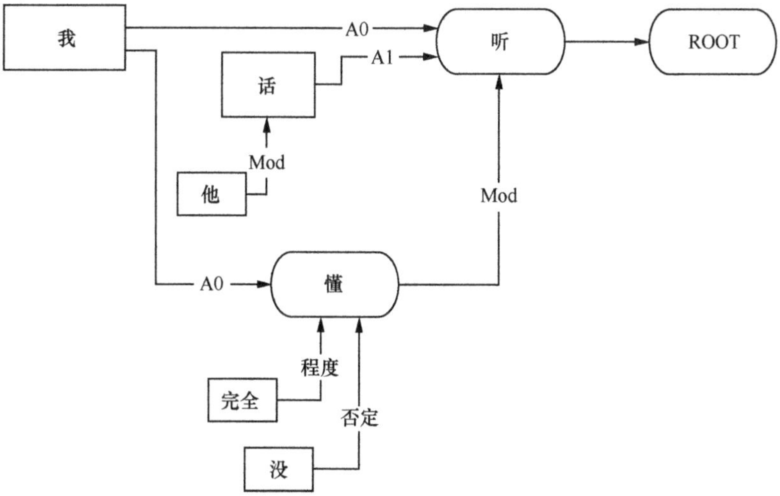

图 3-35　意合图示例 30

② “VP” 作补语

“VP” 作补语时，将其当作事件结构来处理，且补语的事件结构与述语的事件结构之间用“Mod”连接。意合图示例 31 如图 3-36 所示。

示例 31：她开心得一直在傻笑。

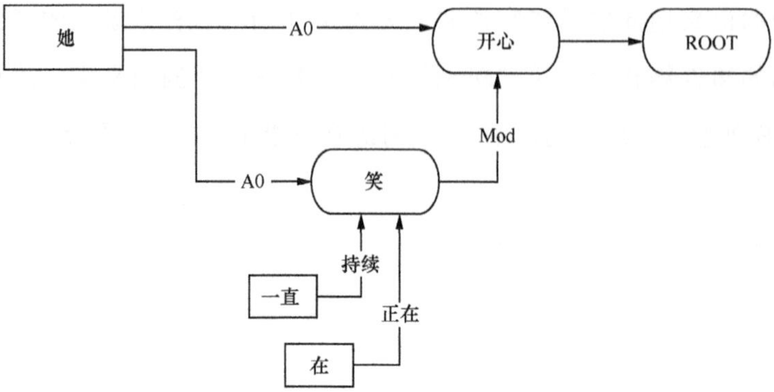

图 3-36　意合图示例 31

2. 隐性事件词

隐性事件词为本书自定义的一种事件词，一般不会出现在句子中。隐性事件词用来表示句子中的逻辑关系、实体关系、事件关系，以及事件与实体关系，分为"AND|OR(与 / 或)""Share(共享)""Ref(同指)""PartOf(整体部分)""Possess(领属)""IS(是)"以及事件关系等种类。其中，"AND|OR"为逻辑关系，其余的"Share(共享)"等均为语义关系。

(1) 逻辑关系

① "AND"

当多个实体或事件表示并列关系时，先用事件词"AND"将其关联起来，再与其他实体或事件构建联系。意合图示例 32 如图 3-37 所示。

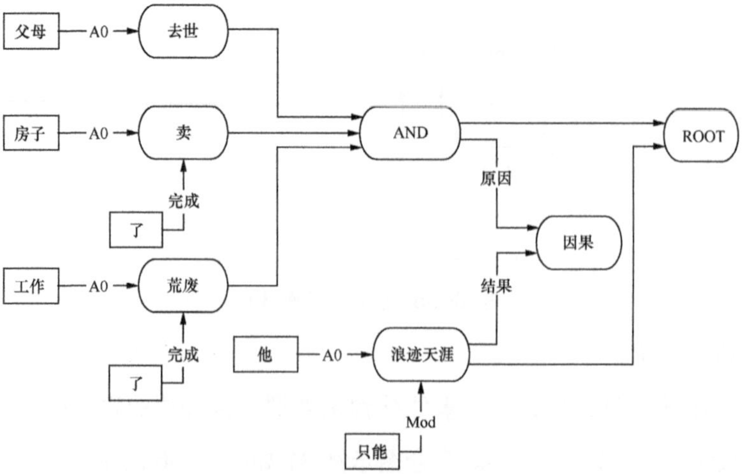

图 3-37　意合图示例 32

示例 32：由于父母去世、房子卖了、工作荒废了，他只能浪迹天涯。

② “OR”

当多个实体或事件表示选择关系时，先用事件词“OR”将其关联起来，再与其他实体或事件构建联系。意合图示例 33 如图 3–38 所示。

示例 33：你喜欢吃苹果还是梨？

（2）语义关系

① “Share”

当句子中有相同结构出现时，有时后者会省略部分内容，意合图在表示这种情况时，采用“Share”节点来表示两个节点共享同一个结构。例如，在“我吃饭比他快”中，“我”和“他”做的事情都是“吃饭”，为了避免出现冗余情况，句中省略了一个“吃饭”，意合图在表示时，“吃”跟“我”作为“Share”的输入，且“吃”作为第一个箭头的输入，“他”作为第二个箭头的输入，表示“他”共享“吃”的事件结构。如果“Share”的输入为属性中的单元，则表示共享的是该属性修饰的实体结构或事件结构；如果被共享的成分同时与多个事件谓词有语义关系，则将被共享成分当作不同语义表示出来。例如，“我吃饭比他快，很开心”，此时，为了避免共享成分混淆，意合图中需要有两个“我”的节点，其中一个节点单独与“开心”构建关系。

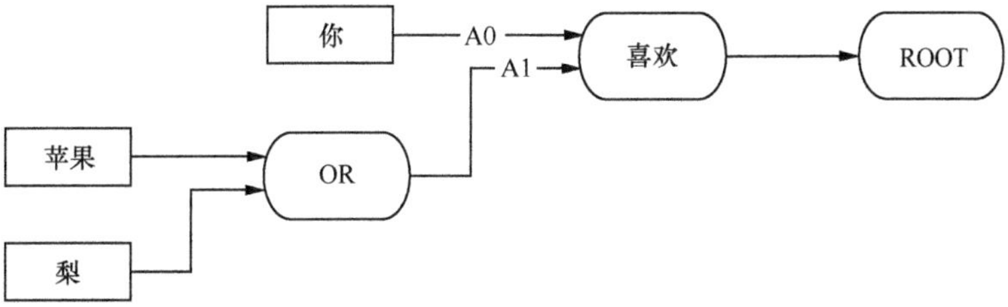

图 3–38　意合图示例 33

情况 1：共享谓词结构，意合图示例 34 如图 3–39 所示。

示例 34：我吃饭比他快，很开心。

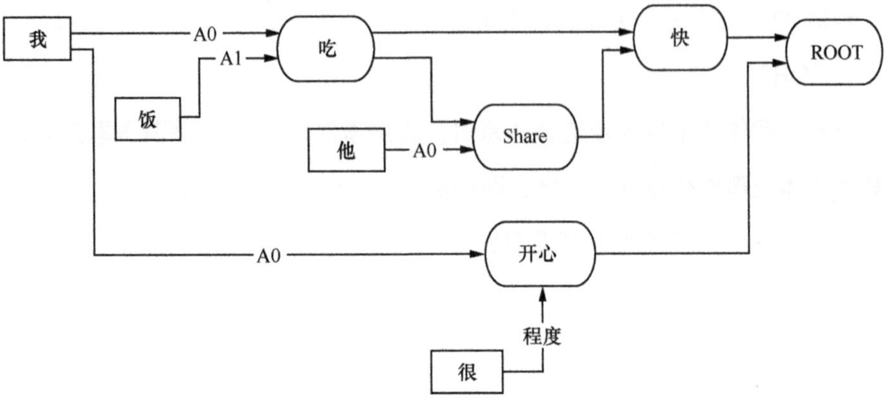

图 3-39　意合图示例 34

情况 2：共享论元成分，意合图示例 35 如图 3-40 所示。

示例 35：我的书包比他的好看。

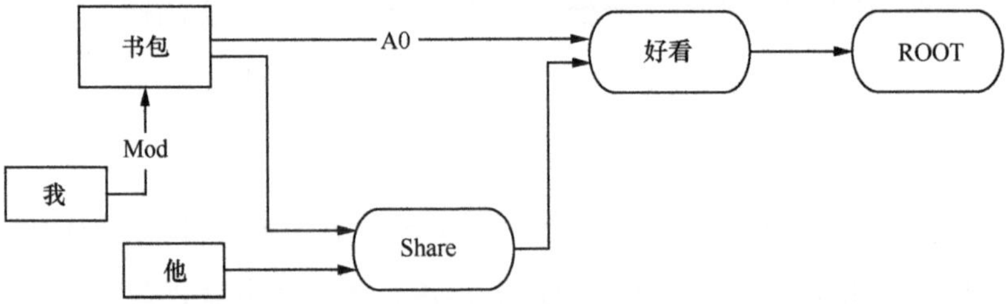

图 3-40　意合图示例 35

情况 3：共享修饰成分，意合图示例 36 如图 3-41 所示。

示例 36：我的书比笔多。

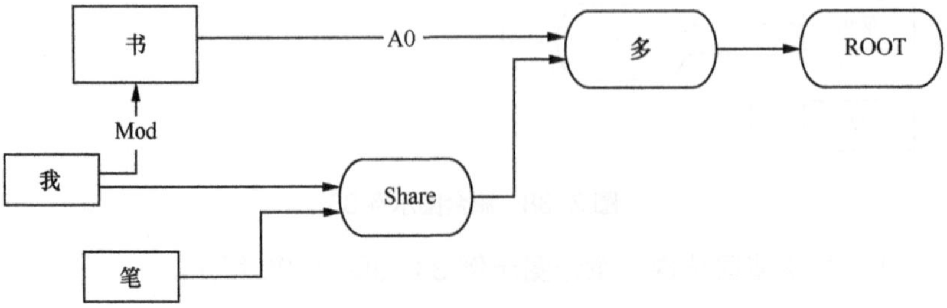

图 3-41　意合图示例 36

② “Ref”

情况 1：全称简称[1]，意合图示例 37 如图 3-42 所示。

示例 37：北京语言大学成功召开了 60 周年校庆发布会，标志着北京语言大学正式奏响了校庆第一乐章。

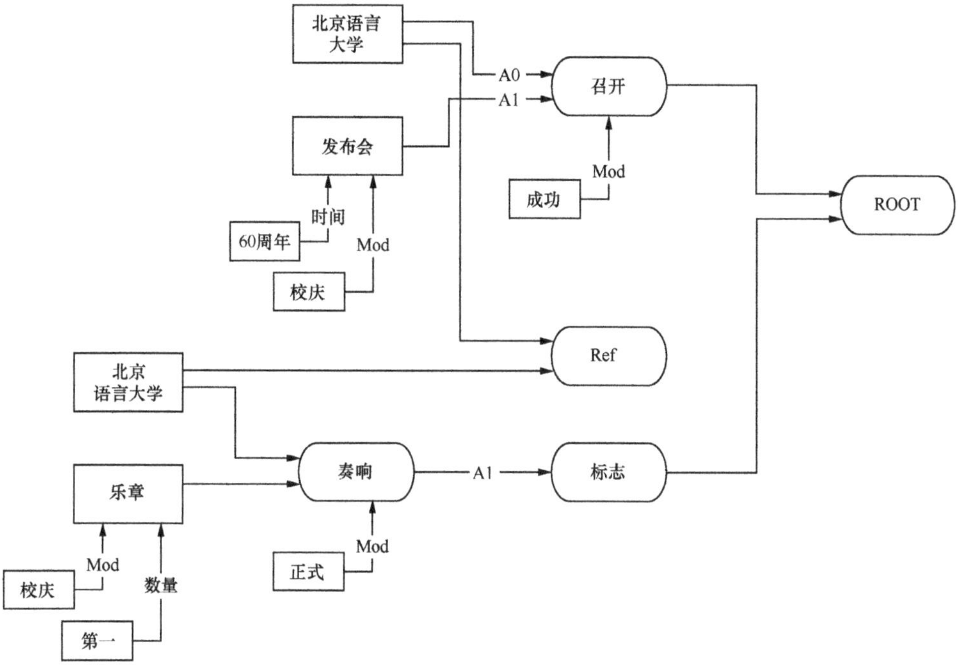

图 3-42　意合图示例 37

情况 2：代词指代，意合图示例 38 如图 3-43 所示。

示例 38：李老师生病了，他女儿很担心。

情况 3：抽象名词指代

当“VP”充当抽象名词的定语，而且“VP”为抽象名词所指的具体事件时，激活指代关系，例如，示例 40 领导在设备测试总结会议上提出两个系统设备互相对调的建议。如果“VP”只是抽象名词表示与事件相关的某一层面，而不是指代事件本身，则不激活指代关系，例如，示例 39 村民提出了关于经济发

1. 全称简称是指组织机构或单位等的完整名称与缩略的简称，例如，清华大学与清华。

展的建议。意合图示例 40 如图 3-44 所示。

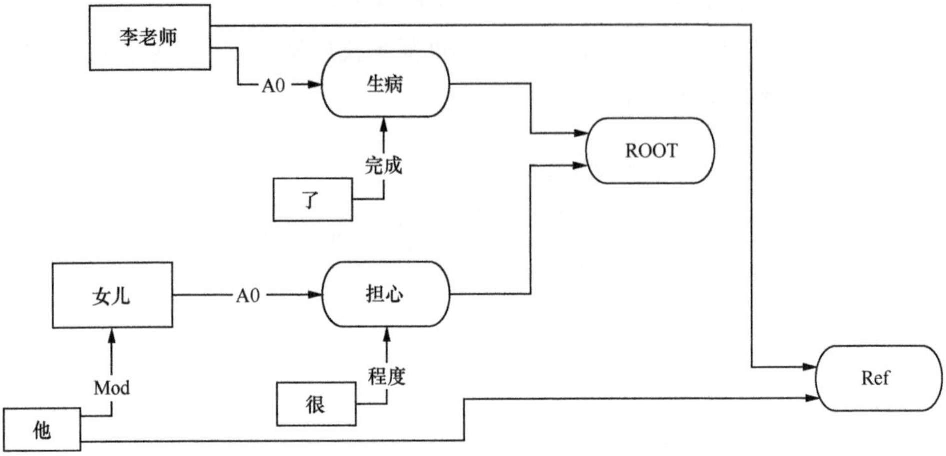

图 3-43　意合图示例 38

示例 39：村民提出了关于经济发展的建议。

示例 40：领导在设备测试总结会议上提出两个系统设备互相对调的建议。

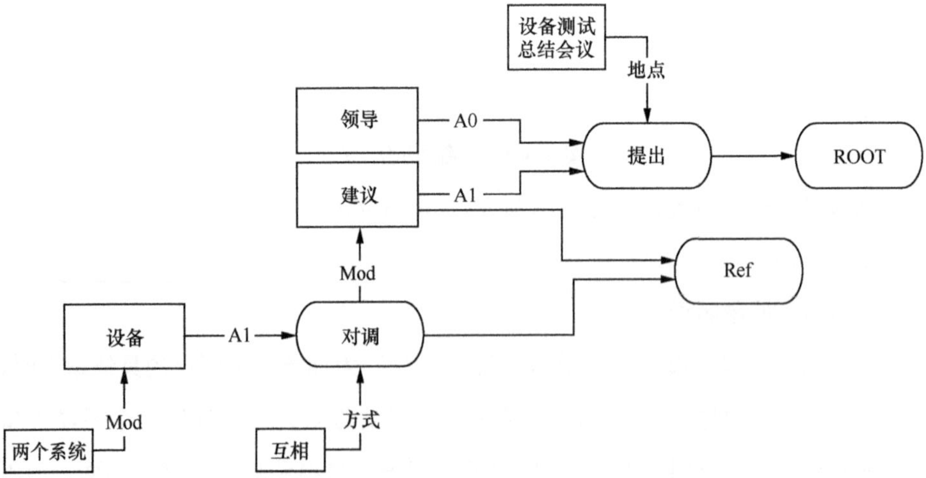

图 3-44　意合图示例 40

③ "PartOf"

情况 1：部件词激活，意合图示例 41 如图 3-45 所示。

示例 41：我哭肿了眼睛。

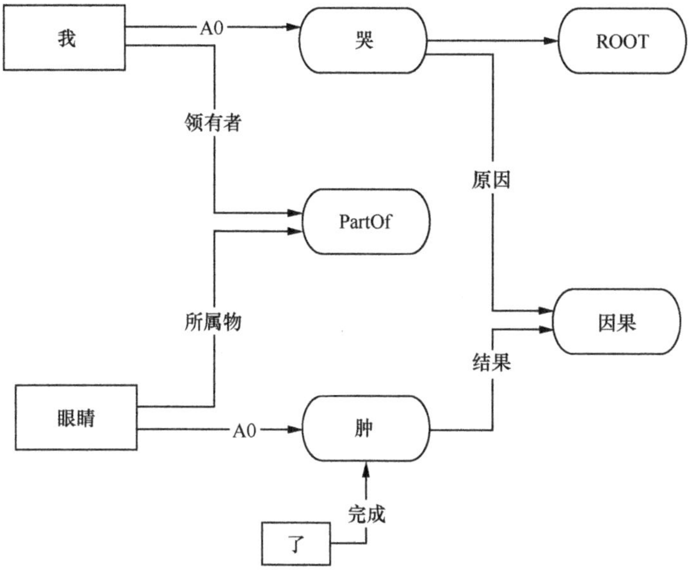

图 3-45　意合图示例 41

情况 2："例如""包括"类词语，意合图示例 42 如图 3-46 所示。

示例 42：许多方面有改进，例如，程序标准。

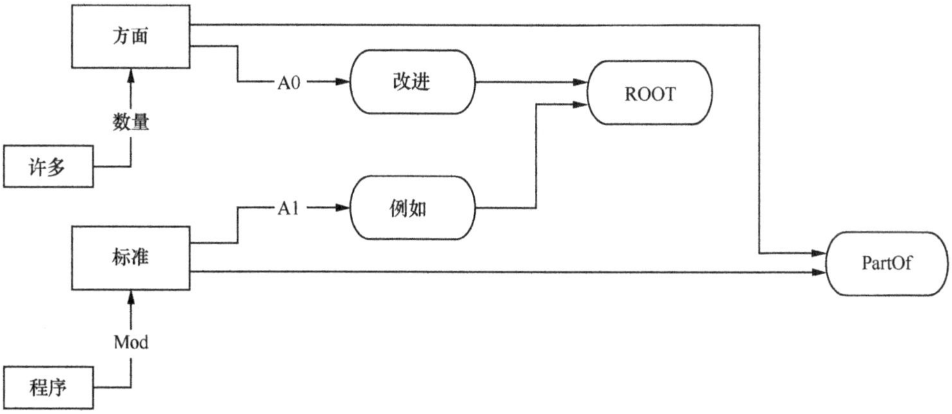

图 3-46　意合图示例 42

④ "Possess"

领属关系大致分为两种：一种是可变领属关系，表示二者之间的领属关系可以改变，例如，"我送给他一本我的书"，"书"本来的领有者是"我"，由于"送"这一动作，使"书"的领有者变为"他"；另一种是不可变领属关系，表示二者之间的领属关系在任何情况下都不可以改变，例如，亲属关系词“父亲”与“儿子”。意合图的表示体系中，只有第二种情况可以激活隐性事件词“Possess”。不可变领属关系意合图示例 43 如图 3–47 所示。

示例 43：他的父亲是一名教师。

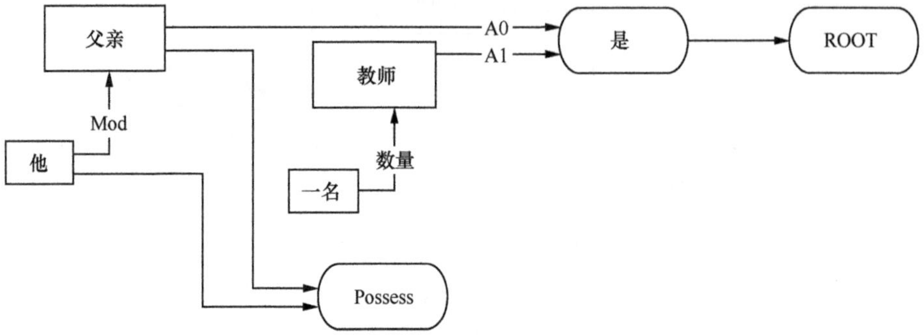

图 3–47 不可变领属关系意合图示例 43

⑤ “IS”

名词谓语句是对主语的判断说明，句中往往没有实际的事件词，因此，用自定义的隐性事件词“IS”来表示。意合图示例 44 如图 3–48 所示。

示例 44：他今年（“IS”）70 多岁了，身体依然很硬朗。

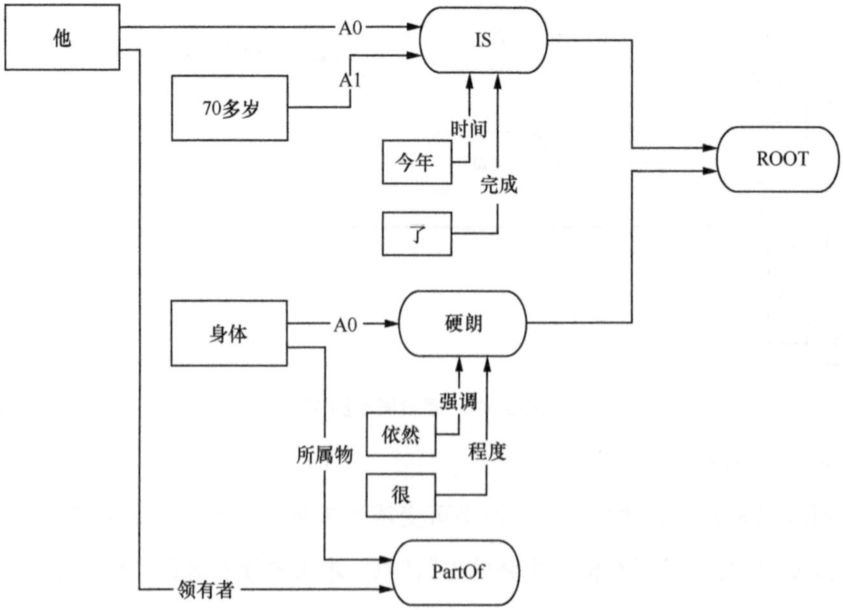

图 3–48 意合图示例 44

（3）事件关系

事件关系具体分为顺承、转折、因果、条件 4 种类型。需要说明的是，以下两种情况可以激活事件关系。

① 关联词

意合图示例 45 如图 3-49 所示，例句的前后小句存在转折关系，“黑”和“找到”分别充当事件关系“转折”的输入。

示例 45：尽管天很黑，超市还是被我们找到了。

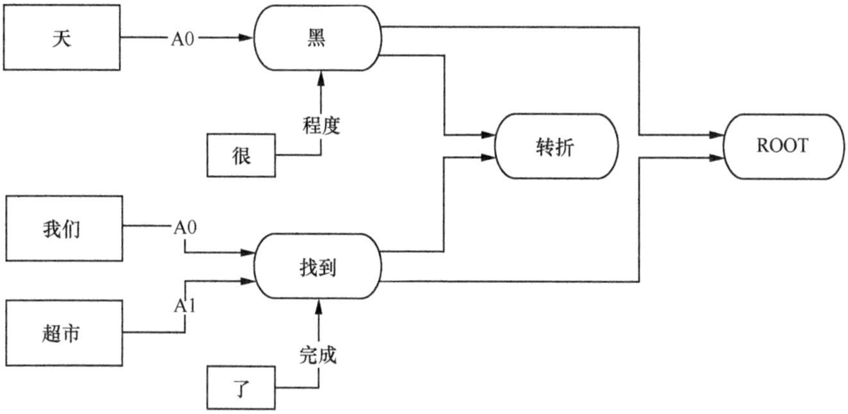

图 3-49　意合图示例 45

② 结果补语

意合图示例 46 如图 3-50 所示，结果补语“肿”的原因是“哭”，因此，建立二者之间的因果关系。

示例 46：我哭肿了眼睛。

3.3.2　事件结构中的论元

在事件结构中，按照论元结构是否为事件词的必要成分，事件结构中的论元分为核心论元与边缘论元两类。其中，核心论元一般是事件词的必有论元，必须在句子中出现，句法上通常充当事件词的主语或宾语成分，在意合图中作为事件词的左输入；边缘论元一般是事件词的非必有论元，在句子中可有可无，句法上通常充当事件词的修饰性成分，在意合图中作为事件词的上输入。

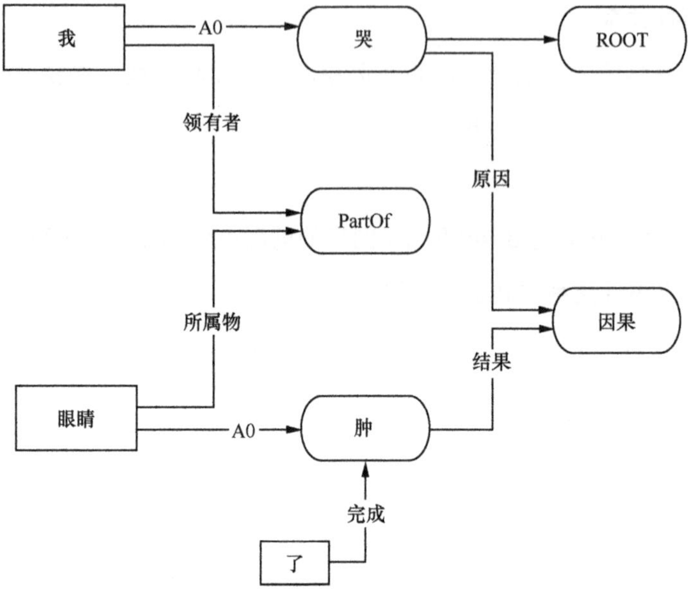

图 3-50　意合图示例 46

1. 核心论元

核心论元作为事件词的必有论元，除了省略情况，一般必须在句子中出现。核心论元在语义上通常为主体、客体等，用“A0”“A1”“A2”等来表示。核心论元个数的确定根据谓词价数的不同主要分为以下几种情况。

（1）一价动词

一价动词的主语为谓词的核心论元，语义上一般为主体，用“A0”表示。意合图示例 47 如图 3-51 所示。

示例 47：傍晚时她在游泳池里游泳。

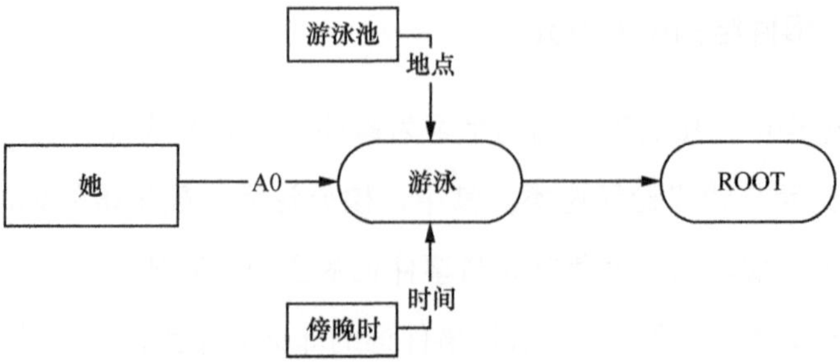

图 3-51　意合图示例 47

（2）二价动词

① 二价动词的主语或宾语为谓词的核心论元，语义上一般为主体、客体两个语义角色，分别用“A0”“A1”表示。例如，示例 48 中“警察”和“原因”都为事件谓词“调查”的核心论元。意合图示例 48 如图 3-52 所示。

示例 48：警察正在详细调查事故原因。

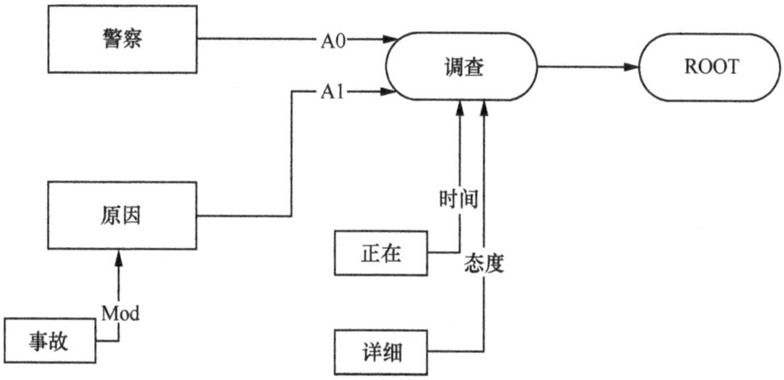

图 3-52 意合图示例 48

② 二价动词带有两个必有语义成分时，除了主体的语义成分，第二个语义成分也作为核心论元。例如，示例 49“我明天去北京”中的“去”是二价动词，虽然宾语位的“北京”不是动词的客体，但是它作为表示地点的语义成分必须出现，是“去”的必有论元，也将其处理为“去”的核心论元，因此，“我”与“北京”分别用“A0”“A1”表示。意合图示例 49 如图 3-53 所示。

示例 49：我明天去北京。

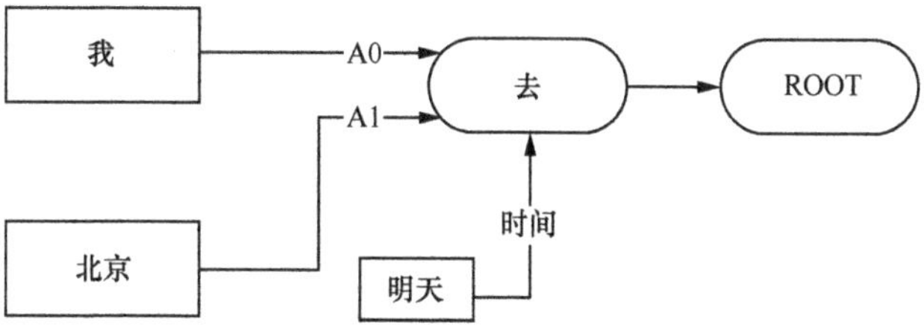

图 3-53 意合图示例 49

③ 准二价动词带有两个必有语义成分，其中，与事[1]只能由介词引导出现

1. 与事是论元角色的一种，语言学中常用的一个名词，语法上是指接受某事物或从某一行动中获益的人或事物。

在状语的位置，而不能出现在宾语的位置，此时，可以将与事处理为准二价动词的核心论元。例如，示例 50 “她处处为丈夫着想” 中的 “着想” 只能带主语成分，不能带宾语成分，但介词引导的与事必须出现，将 “丈夫” 作为 “着想” 的核心论元，分别用 “A0” “A1” 表示。意合图示例 50 如图 3-54 所示。

示例 50：她处处为丈夫着想。

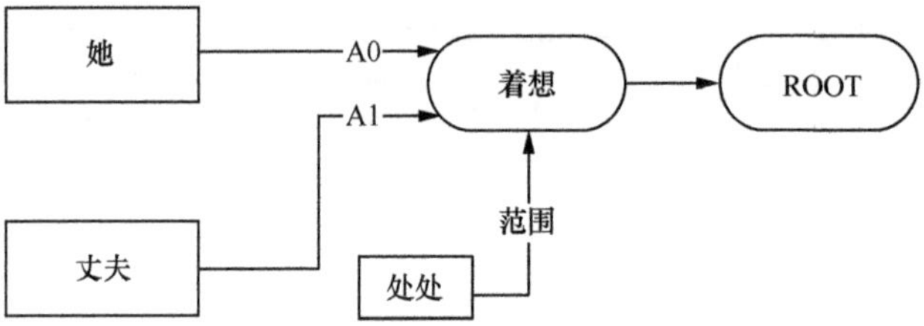

图 3-54　意合图示例 50

（3）三价动词

双宾动词所带的两个宾语都作为核心论元。例如，示例 51 “我送他一束花” 中的直接宾语 “花” 和间接宾语 “他” 都作为 “送” 的核心论元，二者用 “A1” “A2” 表示。意合图示例 51 如图 3-55 所示。

示例 51：我送他一束花。

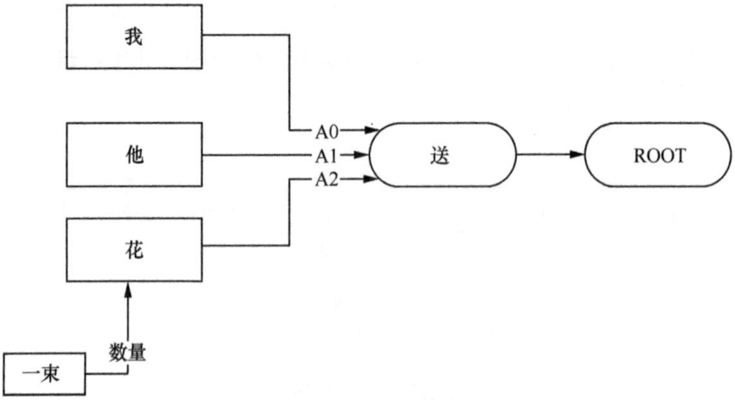

图 3-55　意合图示例 51

（4）一价形容词

一价形容词的主语为谓词的核心论元，语义上一般为主体，用 “A0” 表示。意合图示例 52 如图 3-56 所示。

示例 52：山上的空气很稀薄。

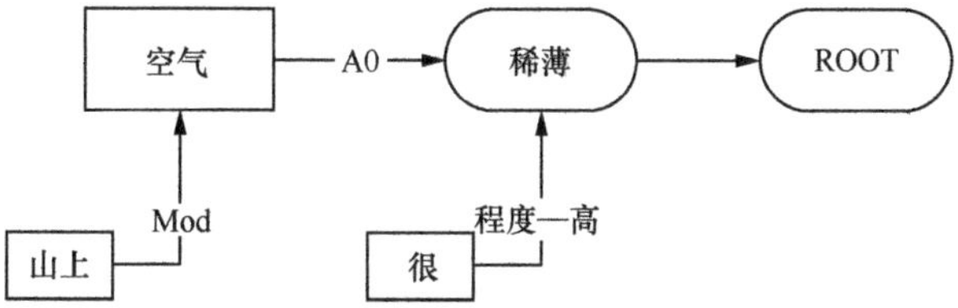

图 3-56　意合图示例 52

（5）二价形容词

二价形容词的主语或宾语为谓词的核心论元，语义上一般为主体、客体两个语义角色，分别用“A0”“A1”表示。意合图示例 53 如图 3-57 所示。

示例 53：他对我很重要。

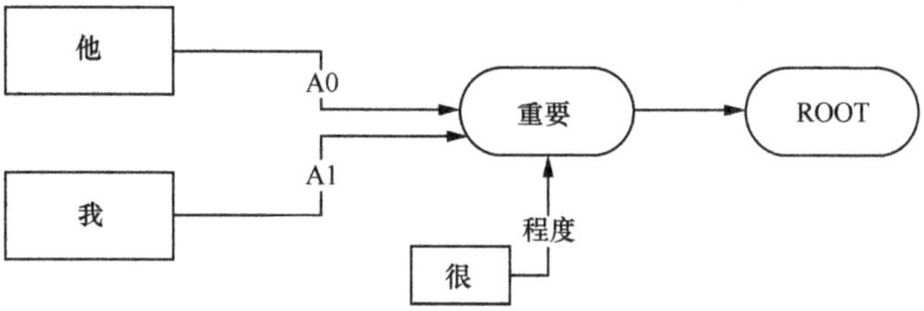

图 3-57　意合图示例 53

（6）三价形容词

在比较句中，比较句中的比较对象与用来表示比较量幅的成分作为谓词的核心论元。例如，示例 54“我比他高 5 厘米”中的“他”和“5 厘米”都作为“高”的核心论元。意合图示例 54 如图 3-58 所示。

示例 54：我比他高 5 厘米。

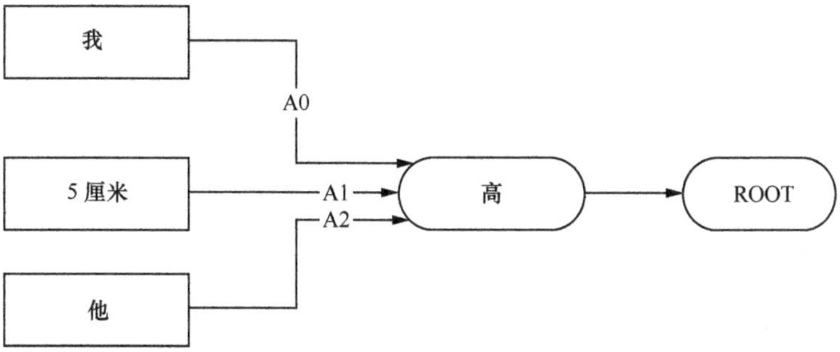

图 3-58　意合图示例 54

2. 边缘论元

边缘论元即事件词的非必有论元，在句子中可有可无，一般由介词、动词引导，充当事件词的修饰性成分。根据边缘论元为事件词贡献的不同语义，边缘论元分为 12 种。边缘论元的类型及示例见表 3-1。

表 3-1　边缘论元的类型及示例

边缘论元	示例
工具	我用毛笔画了一幅山水画
材料	妈妈拿面做馒头
方式	消息通过网络传播
依据	必须依照法律处罚违规者
源点	他昨天刚从公司辞职
终点	小女孩朝着大海跑去
处所	爷爷每天在公园散步
原因	由于肩负责任感，他从来没有迟到过
目的	为了身体健康，老人每天锻炼
范围	关于牡丹花，我知道很多种
时间	在 2022 年，北京举办了冬奥会
数量	弟弟跑了 1600 米

边缘论元通常需要借助附置词或特殊格标记引入，在意合图表示中，格标记不需要体现。意合图示例 55 如图 3-59 所示，“毛笔”是“画”的边缘论元，具有介词格标记“用”，“毛笔”在事件谓词“画”下方表示。

示例 55：我画了一幅毛笔画。

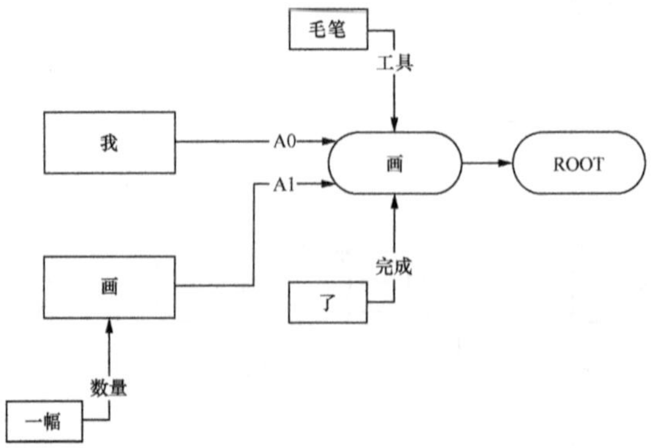

图 3-59　意合图示例 55

当边缘论元的格标记带有修饰成分时，一般改为语义角色的属性。意合图表示中，在有向边的标签后同时注明边缘论元的语义角色名和属性信息。意合图示例 56 如图 3–60 所示，将否定这一属性信息直接加在工具这一语义角色“碗”的后边。

示例 56：他不用碗吃饭。

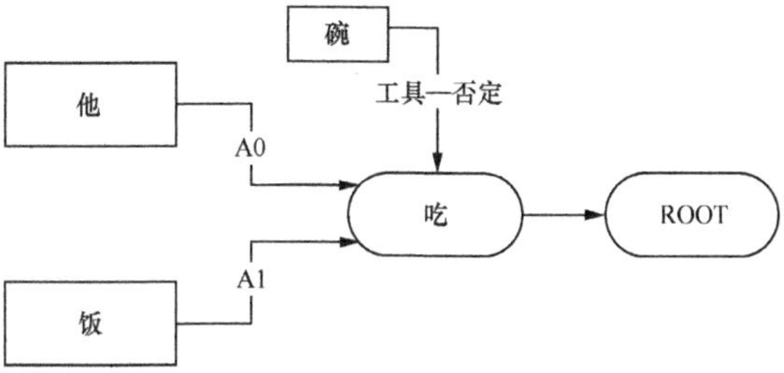

图 3–60　意合图示例 56

3.3.3　事件结构中的情态

情态信息表达的是说话者的主观态度、情感信息以及时态标记等，句法上通常充当事件词的修饰性成分。情态的分类体系及示例见表 3–2。

表 3–2　情态的分类体系及示例

语义大类	语义次类	示例
程度	深	我非常喜欢玫瑰花
	浅	他有点伤心
判断	肯定	问题一定在这里
	否定	你的答案不对
语气	强调	他最近确实有些进步
	坚决	这些我都检查过，绝对没有错
	疑问	河水难道不会倒流吗
	推测	你问问老王，他也许知道
	委婉	不妨说出你的想法
	转折	屋子不大，布置得倒挺讲究
	意外	没想到，他居然做出这种事情
	侥幸	幸亏他带了雨衣

续表

语义大类	语义次类	示例
时间	时体——过去	他曾经说过这件事
	时体——现在	老师们正在办公室开会
	时体——将来	他承认将会减少集体的利益
	时制——相继	他看到老师扭头就跑
	时制——突然	早上忽然下起了雨
	时制——长时	永远相信世界的美好
	时制——短时	暂不答复
范围	统括性	全家都是文艺工作者
	唯一性	他只会下象棋
	限定性	这篇文章至少要写 5000 字
频率	高频	一再相劝，他总不听
	中频	他上课经常迟到
	低频	他偶尔会写诗
情状	情貌	我生怕惊醒了他，悄悄走了出去
	比况	多家国际大公司开始蜂拥进入中国市场
方式	协同	共同建设美好家园
	伴随	每到黄昏，总见她临风洒泪
	限制	比照经济适用房的价格限价销售
	其他方式	加快推进行政执法体系建设

在意合图表示时，情态信息指向事件词下方，标签标注到最小次类。意合图示例 57 如图 3-61 所示，“非常”表达的是说话者“喜欢”的程度很高，标签为“程度—高”。

示例 57：我非常喜欢玫瑰花。

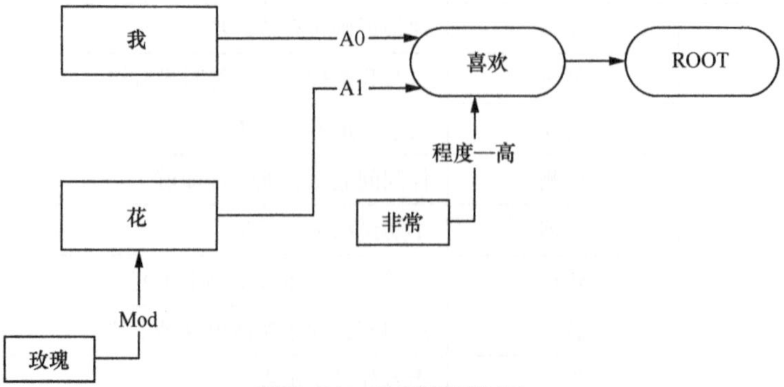

图 3-61　意合图示例 57

有学者认为，由时态助词“着、了、过”等所表达的核心谓词发生的时间状态信息不属于情态信息，但鉴于其所表示的语义同“正、已经、曾”所表达的语义类似，因此，本书也将其归入情态信息表示时间的语义类中。例如，示例 58“孩子已经上大学，你就不用担心了”与示例 59“他吃过饭就去上班了。”中的副词“已经”与时态助词“过”均表示动作已经发生。

示例 58：孩子已经上大学，你就不用担心了。

示例 59：他吃过饭就去上班了。

第 4 章
意合图语义分析设计

语义分析分为浅层语义分析和深层语义分析两种。其中，浅层语义分析包括词义消解、语义角色标引等；深层语义分析包括抽象语义表示（Abstract Meaning Representation，AMR）等。这些语义分析相关研究人员已经有一些深入的见解，但这些见解整体上以学理探索为目标，通常采用3步走的方法：第1步，确定语义表示方案；第2步，基于方案标注一批数据；第3步，探索模型方法，完成分析目标。这种学理探索仍存在诸多问题，具体表现在以下3个方面。

其一，从应用场景来看，相比学理的语义分析工作，实际应用场景下的语义分析具有多样性的特点。如果采用深度学习的方法，那么实际场景的数据往往难以满足需求，数据的数量、数据的质量、数据标注的可行性、数据的保密性等方面存在限制；其他需求还包括可解释性、可控性、跨领域性、软硬件开销等。

其二，从分析方法来看，学理的语义分析一般是基于数据驱动的方法构建语义分析模型的。这种分析方法虽然具有一定扩展性，但受到领域限制，模型的跨领域迁移能力是一个难以解决的问题。即使在领域内，数据驱动的模型方法反映的也基本是高频语言现象，对非显著事实或突发内容，其适应性较弱、灵活性不强。

其三，从分析结果来看，存在语义表示方案与落地实际需求不一致的问题。一般来说，非任务式的通用语义分析，其语义表示通常具有概括性、抽象性和开放性的特点。以学理研究为导向的语义表示方案，与实际场景的需求对接或转换是否方便，是一个比较普遍的问题。另外，在实际场景中，往往关注语义表示方案中的一部分内容，而不关注语义表示方案中的其他内容，如果采用数据标注模型的方法进行语义分析，则会导致结果表示过度。

综上所述，本书采用一种符号计算的语言结构分析框架进行语义分析，即采用GPF进行语义分析，得到意合图语义表示结果。该分析方法采用知识计算作为总控，同时能够利用深度学习技术输出中间结果，避免了传统规则系统容错性差、泛化能力低的问题，提高了系统的可控性和可解释性。同时，我们采用分治策略，将复杂问题分解为多个子问题，可以根据问题的特点和复杂程度定制不同的架构，并生成定制性意合图的子图。

4.1　意合图分析的设计理念

意合图分析的设计理念包括以应用为导向的语义计算、以知识为主导的组合策略、图视角下的语义表示与计算、面向应用的知识定制策略和基于多源特征的决策机制 5 个方面。

4.1.1　以应用为导向的语义计算

一方面，基于语言学“认知的理据性、语义的先决性、句法的限制性、韵律的和谐性、语用的选定性”，认为语义是动态的，与具体语言场景密切相关。因此，意合图分析输出的结果需要结合不同应用场景来确定最终的呈现形态，它可以是完整的意合图表示，也可以是意合图子图。同时，语义分析过程也需要根据应用场景的特点和复杂程度定制不同的架构，充分发挥符号计算和参数计算的能力，不断优化模型架构。这种以符号为中心的组合分析方法，利用知识计算完成数据流和功能控制，保证了系统的可控性和可解释性，也便于调整和修正分析流程和分析结果。

另一方面，意合图语义分析作为一项应用技术，面向实际应用场景时，可以在通用意合图的基础上实现快捷开发。通过通用数据与领域数据相结合，普通知识与专业知识相结合，一般算法与定制算法相结合的“三结合”，实现具体应用的开发和落地。

4.1.2　以知识为主导的组合策略

复杂的意合图语义分析任务可以采用 GPF 中的组合策略。GPF 框架下的意合图语义分析如图 4-1 所示。组合策略是指以符号计算为主导，由 GPF 接收输入，产生输出结果，在计算过程中调度各个参数计算模型，协同完成任务。这种方法采用的是知识计算，具有较好的可控性、可扩展性和可解释性。组合策略具有以下特点。

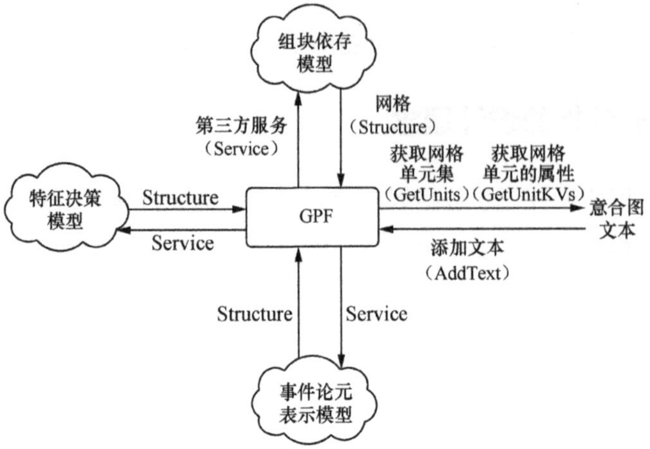

图 4-1　GPF 框架下的意合图语义分析

① 知识与数据协同，相比知识与数据融合的一体化建模方法，协同方法注重利用知识和数据分别完成不同的任务。

② 以基于知识的符号计算构建专家系统，并将其作为计算的总控中心，调度其他模型共同完成整体任务。

③ 将复杂任务分解为多个子任务，并将子任务分别传送到模型计算，充分发挥深度学习模型的能力。

④ 作为总控中心的专家系统采集多源特征，将多源特征输入决策模型，决策模型可以采用机器学习等参数计算方法，利用特征完成决策，并将决策结果返回到总控中心，由总控中心完成整体任务的输出。

GPF 组合方法在意合图语义分析中的具体实现如图 4-2 所示。意合图语义分析以该框架作为总控，可以理解为语义分析的专家系统通过该框架来协调本地服务和其他第三方服务。本地服务为基于网格的符号计算，主要涉及网格、数据表和有限状态自动机等功能部件。其中，网格是语义分析的计算平台，由网格单元承载语言单元、关系和属性，实现从语言形式结构到概念结构的转换；数据表是形式化表示和处理各类型知识的结构；有限状态自动机是控制器，根据上下文生成多源特征，服务于属性和关系的消歧。

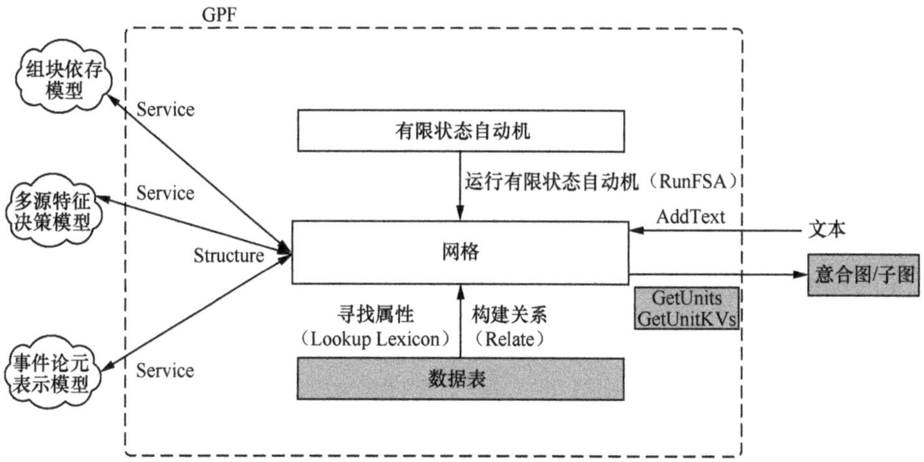

图 4-2　GPF 组合方法在意合图语义分析中的具体实现

第三方服务是具有明确输入和输出功能的模块。目前，意合图语义分析中的第三方服务主要有以下 3 个模型。

① 组块依存结构模型

一方面，将该模型作为意合图分析的起点，直接为意合图的构建提供句法结构信息；另一方面，利用该模型对大规模无标注文本进行分析，得到大规模的组块依存数据，为意合图分析过程中其他模型的构建提供训练数据，或作为语言知识抽取的数据源，间接服务于意合图的构建。

② 事件论元表示模型

事件论元表示模型利用深度学习表示学习的优势，给出事件论元的分布式信息。

③ 多源特征决策模型

这是一种根据采集的消除歧义特征而建立的模型，这一模型输出基于特征的最优结果。

4.1.3　图视角下的语义表示与计算

语言的概念结构主要通过概念与概念之间的关系表达语义内容。语义计算的主要目标是建立输入的自然语言与概念结构的对应关系，在意合图语义分析中，把语言中与概念对应的符号处理为语言单元，并通过上下文建立语言单元之间的关系，体现概念之间的语义联系。意合图分析的最终结果通过语言单元及其属性与关系来体现概念结构的实体、事件及与二者有关的其他信息。

在意合图语义分析计算框架中，网格单元承载语言单元，网格单元之间的关系对应语言单元之间的关系。网格单元和属性的计算如图 4-3 所示，在图 4-3 中，U1 和 U2 为网格单元，分别对应两个语言单元，这也意味着，U1 和 U2 对应语言单元表示的具体概念。为了更细致地表示概念，网格单元还附有对应的“键值对”集合 {K=V}，通过“键值对”集合 {K=V} 来表示语言单元的属性，对应概念的属性信息。另外，网格单元 U1 和 U2 之间的关系为 R，表示二者所对应的语言单元之间具有关系“R”，记为“U1，U2，R”；网格单元关系也具有属性 {K=V}，表示所对应的语言单元关系的属性，记为“{(U1，U2，R，{K=V})}”。

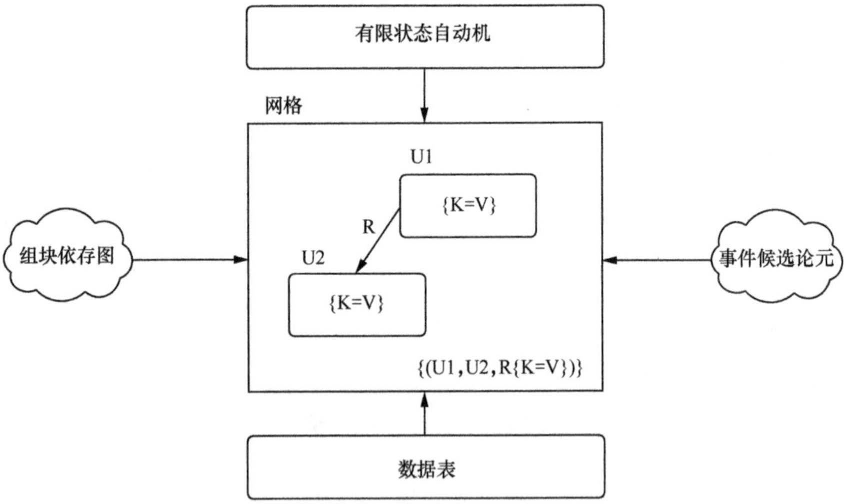

图 4-3　网格单元和属性的计算

需要说明的是，语义分析过程中第三方模块提供的语法结构信息和事件候选论元，以及数据表封装的知识信息都可以导入网格，作为网格单元的属性和关系来参与计算。

4.1.4　面向应用的知识定制策略

语义分析的理想状态是研发一个通用分析器，通过该分析器满足各个不同场景的需求。然而，通用分析器面临的需求是多种多样的，不仅需要通用知识，还需要与各个场景相关的领域知识，这就导致了通用分析器不仅开发成本较高，而且领域迁移性较差。因此，研发一个开发成本低、可面向应用定制的分析器才是切实可行的。意合图语义分析中的计算框架 GPF 是一个开放性的语义分析工具，在保证通用性的基础上，通过面向应用的知识定制，实现定制性分析器的开发，满足领域分析的需求。

意合图语义分析框架提供的语法结构信息的组块依存模型、提供事件论元分布式信息的事件论元表示模型和服务于属性和关系消歧的多源特征决策模型都相对稳定，保证了语义分析的通用性。面向实际应用时，用户只须根据实际需求，准备对应的领域知识并设计具体的消歧特征即可。

4.1.5　基于多源特征的决策机制

意合图是以事件为中心的语义表征体系，因此，意合图语义分析的主要工作是根据上下文识别事件词并建立事件词与论元的关系。从计算角度来看，语义分析过程就是一个语义消歧的过程，即利用多源特征对事件词和候选论元的关系进行评价，实现关系的歧义消解。语义分析过程中用到的多源特征可以来自组块依存结构、事件候选论元结构和语言知识。语义分析过程中用到的多源特征主要包括以下 4 个方面。

① 语法和语义特征

该特征既利用了组块依存图提供的语法特征，也利用了谓词的论元结构信息。

② 二元与三元特征

词汇搭配特征主要包括二元搭配，同时包括三元搭配。

③ 直接与间接特征

搭配知识给出了充当某种论元角色的典型词语和语义类型，直接服务于论元关系消歧，其他特征例如位置、句法功能、语序和距离信息等，间接服务于关系消歧。

④ 词汇与类型特征

框式结构、事理共享、二元搭配等直接以词汇形式作为特征，而语法成分、语义成分等采用类型描述的方式作为特征。

上述事件词确定论元的特征呈现多种多样的特点，具体包括以下 7 种类型。

① 语序特征

语序特征体现的是事件词和候选论元语序位置的前后关系。例如，主体论元通常在事件词的前面出现。

② 距离特征

距离特征体现的是事件词和候选论元中间间隔的词的数量。一般来讲，事件词和候选论元的距离越短，论元关系的置信度越高。

③ 句法特征

句法特征体现的是候选论元在组块依存图上所处组块的句法功能和位置信息。例如，主体往往处于组块依存图上的主语中心语位置等。

④ 框式结构

框式结构即事件论元的形式标记，一般分为左框和右框。其中，左框通常为介词或者谓词；右框为抽象名词。框式结构通过框式词作为引导词，引导出典型的事件论元。

⑤ 二元搭配

二元搭配充当事件词的某种论元角色的典型词语或语义类型。语义类型通常借助本体语义体系进行表示。

⑥ 三元搭配

三元搭配即事件词与事件词的两个论元角色构成的搭配。其中，两个论元角色之间具有相互制约、相互依存的关系。例如，打击这一事件词，其主体可以是人，也可以是组织机构，当其客体为行为活动时，主体往往更倾向于组织机构，我们通常将其表示为 {<Org>，打击，<Action>}。

⑦ 事理共享

事理共享即两个事件词在语义上具有相关性，当在句子中共现两个事件词时，共享相同的论元。例如，连谓结构中的两个事件词一般共享主体论元。

4.2 意合图中的语义分析任务

意合图是对句子语义进行表征的形式化方案，也是语义分析的最终目标，即识别出句子中的实体和事件对象，构建实体和事件对象内部的语义结构，并建立实体和事件对象之间的关系等。在意合图语义表示中，实体结构不能独立存在，往往以论元的形式依附于事件结构，因此，意合图语义分析任务的重点是事件结构计算，具体包括论元结构的计算、情态结构的计算和时态结构的计算。需要说明的是，论元结构体现了事件和实体之间的关系。

4.2.1　事件结构的计算

在意合图分析中，事件结构的计算包括事件词的识别、事件间关系的确定、事件论元关系的确定、事件情态关系的确定与事件归一化等。

1. 事件词的识别

意合图分析是由事件词激活事件结构的。一般情况下，事件词具有的特点如下。

① 语法

一般情况下，组块依存图中的述语通常为动词和形容词，可以直接充当意合图中的事件词。

② 形式

意合图中的事件词可以是连续出现的，也可以是离合出现的。

③ 颗粒度

意合图中的事件词可以是词，也可以是短语，例如，某些高频出现的短语或固定短语。

④ 显性和隐性

意合图中的事件词可以在小句中出现，也可以不在小句中出现，例如，认为名词谓语句中缺省了事件词，将缺省的事件词处理为隐性事件词。

2. 事件间关系的确定

一个事件构成了简单命题，多个事件构成了复杂命题。输入句子为包含多个事件的复杂命题时，需要对不同事件构建关系。在意合图中，两个事件可能构成的关系包括如下两种类型。

类型一：一个事件是另外一个事件的输入，可以是核心论元、边缘论元和情态成分。例如，在谓主谓宾句式中，谓主谓宾结构中的事件词是核心事件的核心论元。在句子“通过每天运动 3 小时来强身健体”中的“运动”也是事件词，表示另一个事件词“强身健体”的方式。当情态成分由谓词充当时，例如，“严厉打击”中的“严厉”也是事件词，表示另一个事件词“打击”的程度。

类型二：当事件词表示事件关系时，例如，顺承、转折、因果、条件，两个事件共同作为事件关系的核心论元。

其中，类型一的事件关系可以根据句法结构信息或搭配信息进行确定；类型二的事件关系可以根据句中的关联词进行确定。

3. 事件论元关系的确定

论元是事件结构的重要构成要素，因此，事件论元关系的确定是事件结构计算的核心内容。事件论元包括核心论元和边缘论元两种。其中，核心论元的个数与事件词的价数有关，一价谓词通常带 1 个核心论元，二价谓词通常带 2 个核心论元，少数二价谓词带 3 个核心论元，三价谓词一般带 3 个核心论元；边缘论元充当事件词的时间、地点、工具、原因、结果、条件等。由此可知，可以在知识加工阶段，设置事件词的论元结构信息，并准备好论元搭配知识或论元的形式标记知识，在分析阶段对事件结构进行填充。

4. 事件情态关系的确定

事件情态是事件情感分析的基础信息，因此，意合图也对事件结构中的情态信息进行了细致的分析。情态信息表达的是说话者的主观态度与时态标记等，主观态度表示说话者对事件的肯定或否定信息、程度信息、频次信息等；时态标记表示事件词所表示的事件发生的时间，例如，完成、进行等。在意合图语义分析中，事件情态关系的确定主要依靠知识来完成。

5. 事件归一化

事件归一化包括事件词的归一化和事件构成要素的归一化两种。其中，事件归一化为下阶段应用提供一致性、无歧义的事件结构。在意合图的语义分析中，事件归一化同样需要依靠知识来完成。

4.2.2 实体结构计算

在意合图分析中，实体结构的计算包括实体识别、实体间关系的确定、实体在事件中论元角色的确定、实体属性的确定等。

1. 实体识别

实体是意合图语义分析的重要处理对象之一，对实体对象的识别是进行后续分析的基础。实体识别包括对实体语言单元的识别和实体类型的识别两种。实体通常对应的是专有名词，包括地名、机构名、人名等。根据应用场景的需要，实体可以进一步分类，例如，在体育新闻中，根据体育运动的不同，可以将其分为足球、排球、篮球等实体类，每个实体类下均涉及运动员、运动器材、运动场地等实体小类。意合图语义分析时，术语有时也当作实体处理，实体的类型对应术语的不同功能类型，例如，羽毛球实体类中的握拍法、击球点、站位等。

2. 实体间关系的确定

意合图定义的实体关系类型主要包括领属（Possess）关系、同指（Ref）关系、整体部分（PartOf）关系等。

① 领属关系

意合图将两个实体之间不可变的领属关系用隐性事件词“Possess”表示，并通过领属关系词来激活，例如，亲属关系词“父亲”与“儿子”，二者均可激活领属关系。

② 同指关系

在自然语言中，某一个实体可能有多种表达方式，例如，实体全称、简称、代词指代等。意合图语义分析把文本中出现的同一个实体不同的表达，认定为同一个实体，用隐性事件词“Ref”关联，表示同指关系。同指关系是构成事件相关性的重要标识，把不同事件词中的论元认定为同一个对象，也就是把两个事件做了关联。

③ 整体部分关系

意合图将两个实体之间的整体部分关系用隐性事件词“PartOf”表示，并通过表示部件的词激活，例如，一辆汽车与其车窗之间可以通过部件词“车窗”

建立二者之间的整体部分关系。

3. 实体在事件结构中论元角色的确定

在意合图分析中，实体在事件结构中论元角色的确定是一个非常重要的步骤。实体在事件结构中充当的论元角色的类型主要包括核心论元角色与边缘论元角色。例如，在句子“北辰区的农民通过网络引进了太阳能热水器技术”中，体词性结构中心语“农民”与“技术”是事件词“引进”的核心论元，“网络”是边缘论元。

4. 实体属性的确定

实体属性即其周边的修饰性成分，在意合图分析中均用“Mod”表示。例如，“我那双红色的高跟鞋是昨天刚买的”中的“我”“那双”“红色”都是实体“高跟鞋”的属性，实体与属性之间用“Mod”连接。

语义分析带有较强的领域需求特点，在实际的应用场景中，对待分析数据，往往不需要建立语言学意义上完整的意合图结构，即不需要对事件结构与实体结构进行完整的语义分析，而是重点关注与解决问题相关的语义层面。例如，在情感分析时，重点关注事件的情态结构；在问答任务中，重点关注事件的命题结构识别等；在构建知识图谱时，主要解决的是与实体有关的内容，并重点关注实体词识别、实体之间关系的识别等内容。

第 5 章
GPF 意合图实现框架

意合图以事件为中心，可以对多层级文本的语义进行一体化表示。语义分析采用 GPF 可以生成意合图或意合图子图。GPF 是基于知识的语言结构计算框架，通过协同符号计算和参数计算，发挥语法结构对语义分析的支持作用；利用数据表封装多种类型的知识，发挥知识的作用，在有限状态自动机的控制下，收集支持语言属性和关系计算的各类特征，综合各类特征后在特征决策模型中完成意合图分析。

GPF 是一个以知识计算为核心的系统，借助网格计算，实现了语言单元、单元语义属性和单元语义关系的识别和构建。GPF 可以整合多源信息是其重要功能之一，具体包括通用语义知识库、面向应用的领域知识库，以及外部服务提供的结构和语义信息等。

5.1 GPF 概述

意合图是一套体系化的语义表示方案，在实际应用场景中往往不需要按照体系描述生成完整的意合图，而是根据应用需求生成相关的意合图子图。需要说明的是，生成意合图的方法需要做出一体化的设计，再根据实际需求做定制性处理。

5.1.1 基本框架

GPF 语言结构分析框架设计了网格、数据表、数据接口、有限状态自动机 4 个功能部件，分别承载参数计算、知识计算、计算结构和计算控制器的功能。简单来说，网格作为计算平台，数据表作为知识存储结构，有限状态自动机作为控制部件，通过数据接口实现本地和云端数据的交换。

首先，网格作为计算平台，可以对各种类型的知识和语言结构进行一致性计算封装，使语言单元对应网格单元，把结构分析聚焦为网格单元的属性和关系计算。其次，数据表的功能是封装语言知识，同时数据表给出了语言单元的列表和语言单元的属性。再次，有限状态自动机作为上下文控制部件，通过上下文语义的判断进行相应的计算。最后，数据接口进行语言结构数据的交换，协调网格内的符号计算和外部的端到端服务。

GPF 作为开放的可编程框架，可以采用多种架构模式，可用于理论研究和应用开发。面向意合图语义分析任务，GPF 既可以提供稳定的计算框架，也可以支持定制性处理，其中，定制性主要包括以下 3 个方面内容。

1. 可定制第三方服务

在意合图语义分析时，用户可以根据实际应用需求，选择调用分词词性标注、组块依存分析、事件论元计算等服务。GPF 为调用第三方服务设计了标准的数据接口。

2. 可定制分析知识

意合图语义分析需要多种类型的知识，GPF 设计了数据表来封装知识，用于意合图的生成。我们针对数据表的数据项和属性建立了索引结构，该索引结构支持海量知识数据的快速查找。数据表可以描述一元的词典类知识和二元的搭配类知识。

3. 可定制分析结果

在意合图语义分析时，GPF 从网格结构部件中提供可定制性输出，生成意合图语义分析的结果。

意合图语义分析框架如图 5-1 所示，该分析框架的几个部件的功能一方面相对独立，另一方面又密切协同。

GPF 中的网格作为核心部件，封装了计算过程的语言结构信息，其他 3 个部件都与其交互。与其交互的目标是在网格中产生无歧义的语义分析结果。GPF 是一个可编程的、开放的符号计算框架，用户可以针对具体问题，协同 4 个计算部件，完成不同的语义分析任务。例如，针对意合图语义分析这个复杂任务，可以设计如下算法。

首先，通过组块依存图结构、事件论元候选等外部服务与数据表提供的知识确定事件词，并提供候选论元。

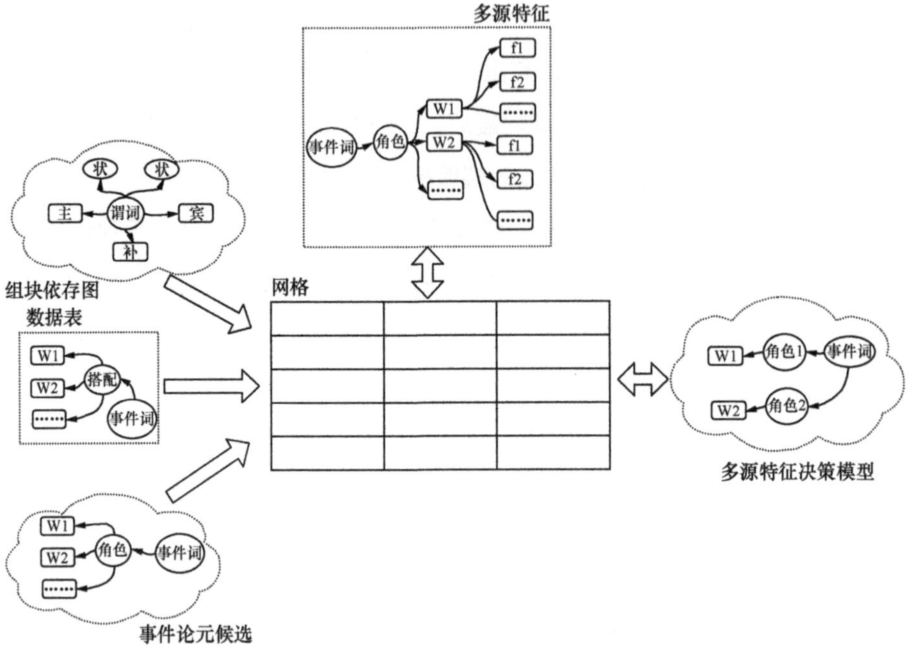

图 5-1　意合图语义分析框架

其次，通过控制部件有限状态自动机（Finite State Automation，FSA）和结构知识对事件谓词及候选论元的上下文进行计算，生成多源特征。

最后，决策模型根据多源特征对候选论元进行择优，并将决策结果返回总控中心，即返回到网格中。

5.1.2　主要流程

5.1.1 节所述的意合图语义分析框架的示例代码如下。

代码 5-1

```
function ParaTaxis(Text)
    SetText(Text)

    DepGraph=CallService(Text,"dep")
    AddStructure(DepGraph)

    EventWord()

    Relate("Event_Table")
```

```
10          EventInfo=GetEventInfo()
11
12          EventArgInfo=CallService(EventInfo,"arg")
13          AddStructure(EventArgInfo)
14
15          RunFSA("FSAName")
16
17          Relations=GetAllRelation()
18          for i=1,#Relations do
19              Feature=GetRelationFeatures(Relations[i])
20              FeatureInfo=GetFeatureInfo(Feature,Relations[i])
21              EventArgInfo=CallService(FeatureInfo)
22              CallService(EventArgInfo)
23          end
24
25          Parataxis=GetParaTaxis()
26          return Parataxis
27      end
```

需要说明的是，以上代码为伪代码，无法直接运行。

其中，代码 5-1 的第 2 行：对网格进行初始化，将待分析文本导入网格。

第 4～7 行：调用外部第三方服务对待分析文本进行组块依存分析，将分析结果导入网格，并在此基础上识别出文本中的事件词。

第 9～13 行：使用数据表和事件论元候选模型为事件词添加候选论元。

第 15 行：使用有限状态自动机为事件词候选论元添加多源特征。

第 17～23 行：调用多源特征决策模型进行事件词的论元择优。

第 25～26 行：获取并返回最终的意合图分析结果。

5.2　GPF 网格计算

歧义消除是自然语言理解的核心任务，计算结构要包容各种歧义现象，包括语言单元边界的歧义和语言概念的歧义等，借助知识或模型消除歧义，得到目标语言结构输出。

GPF 网格可以同时容纳不同层面、不同算法、不同体系产生的分析结构，使它们既能够协同又能独立区分，共同支持生成复杂的目标结构。网格是 GPF 的核心部件，其他部件都是围绕网格提供相应的功能；数据表可以为网格计算提供网格单元与关系计算所需的知识源；有限状态自动机可以对网格中的上下文进行识别并执行相应操作。

网格在完成语义分析任务时，一个分析实例对应一个网格变量，即一个分析文本对应一个网格。网格有自己的属性，同时网格中包含多个网格单元及属性，包含网格单元之间关系及属性等。

网格计算的基本方法和过程示例代码如下。GPF 在 Lua 编程语言的基础上，设计实现了相应的 API 函数，用来完成 4 个功能部件的协同工作。

代码 5-2

```
1   require ( "module" )
2
3   function Grid ( Sent )
4       SetText ( Sent )
5
6       UnitP=AddUnit ( 3,"在" )
7       AddUnitKV ( UnitP,"POS","P" )
8
9       UnitV=AddUnit ( 5,"上课" )
10      AddUnitKV ( UnitV,"POS","V" )
11
12      Unit=AddUnit ( 5,"在上课" )
13      AddUnitKV ( Unit,"POS","PP" )
14
15      AddRelation ( UnitP,UnitV,"P-VP" )
16
17      module.PrintGridKV ( )
18      module.PrintRelation ( )
19      module.PrintUnit ( )
20  end
21
22  Sent="同学们在上课。"
23  Grid ( Sent )
```

在代码 5-2 中的第 4 行，API 函数 SetText 表示的是，在网格中初始化分析文本“Sent”。

第 6 行，API 函数 AddUnit 表示的是，在网格中增加网格单元，每个网格单元对应一个语言单元，这些语言单元可以是候选的消歧对象。

第 7 行，API 函数 AddUnitKV 表示的是，在网格中为新增加的网格单元设置属性。这里设置词性“POS”为介词“P”。

第 15 行，API 函数 AddRelation 表示的是，建立两个网格单元之间关系“P–VP”。

第 17 ～ 20 行，分别输出网格（见代码 5–2 运行结果的第 1 行）、网格单元之间关系（见代码 5–2 运行结果的第 2 ～ 3 行）和网格单元信息（见代码 5–2 运行结果的第 3 行以后）。

代码 5–2 的运行结果如下。

```
1  URoot=(3,1) ST-Relation=Dyn URootDyn=(3,1)
2  =>在 上课(P-VP)
3  KV:ST=Dyn
4  =>  同
5  From     =   0
6  To  =   0
7  UThis    =   (0,1)
8  Word     =   同
9  ClauseID     =   0
10 Type     =   Char
11 HeadWord     =   同
12 Char     =   HZ
13 =>  学
14 From     =   1
15 To  =   1
16 UThis    =   (1,1)
17 Word     =   学
18 ClauseID     =   0
19 Type     =   Char
20 HeadWord     =   学
21 Char     =   HZ
22 =>  们
23 From     =   2
24 To  =   2
25 UThis    =   (2,1)
26 Word     =   们
27 ClauseID     =   0
28 Type     =   Char
29 HeadWord     =   们
30 Char     =   HZ
31 =>  在
32 Word     =   在
```

```
POS =   P
From    =   3
UThis   =   (3,1)
USubDyn-P-VP    =   (5,2)
To  =   3
USub    =   (5,2)
RSub    =   P-VP
USub-P-VP   =   (5,2)
RSubDyn =   P-VP
USubDyn =   (5,2)
ClauseID    =   0
HeadWord    =   在
Char    =   HZ
Type    =   Char Word
=>  上
From    =   4
To  =   4
UThis   =   (4,1)
Word    =   上
ClauseID    =   0
Type    =   Char
HeadWord    =   上
Char    =   HZ
=>  课
From    =   5
To  =   5
UThis   =   (5,1)
Word    =   课
ClauseID    =   0
Type    =   Char
HeadWord    =   课
Char    =   HZ
=>  上课
Word    =   上课
POS =   V
From    =   4
UHead-P-VP  =   (3,1)
UHeadDyn-P-VP   =   (3,1)
To  =   5
UHeadDyn    =   (3,1)
UThis   =   (5,2)
UHead   =   (3,1)
(3,1)   =   P-VP
ClauseID    =   0
```

```
77 RHeadDyn     =   P-VP
78 HeadWord     =   上课
79 RHead    =   P-VP
80 Type     =   Word
81 =>  在上课
82 POS =    PP
83 From     =   3
84 To  =   5
85 UThis    =    (5,3)
86 ClauseID     =   0
87 Type     =   Word
88 HeadWord     =   在上课
89 Word     =   在上课
90 =>  。
91 From     =   6
92 To  =   6
93 UThis    =    (6,1)
94 Word     =   。
95 ClauseID     =   0
96 Type     =   Char
97 HeadWord     =   。
98 Char     =   Punc
```

从代码 5-2 的运行结果可见，GPF 通过基于“键值对”的属性计算，完成网格计算任务，用“键值对”表示原始的知识，完成中间计算和输出结果。

在代码 5-2 运行结果的第 4 行，表示以下网格单元“同”。

第 5 ～ 6 行，网格单元在网格列的起始位置“From”和终止位置“To”，网格的每列依次对应输入分析文本的每个汉字或符号。

第 7 行，UThis 表示网格单元“同”的单元编号“(0,1)”。

第 8 行，Word 表示网格单元的字符串“同”。

第 9 行，ClauseID 表示网格单元所在的小句编号，输入文本中的小句，从 0 开始依次编号。

第 10 行，Type 表示网格单元的类型，当前的网格单元为初始字符“Char”。

第 11 行，HeadWord 表示网格单元的中心语，当前中心语与 Word 相同。

第 12 行，初始字符“Char”表示单元内的字符类型，当前表示的为汉字，即 HanZi 拼音的首字母缩写“HZ”。

代码 5-2 中的网格结构示意如图 5-2 所示。GPF 网格具有以下特点。

● GPF 网格的编号为“1”的行，即图中的第 1 行，对应的是初始化网格单元，每个网格单元包含一个字符或一个汉字。

● 网格中每列的网格单元具有相同的终止位置“To”，但是起始位置“From”根据单元的不同长度，具有不同的数值。

● 具有相同起始位置的网格单元可以承载不同属性的语言单元，GPF 是通过“键值对”的定义来区分不同的语言单元的。

● 语言单元之间的关系信息存储在网格单元中，用特殊类型的键值定义“R 型”和“U 型”表示。

● 网格单元之间的关系属性保持在网格的“键值对”中。

0	1	2	3	4	5	6
同(0, 1)	学(1, 1)	们(2, 1)	在(3, 1)	上(4, 1)	课(5, 1)	。(6, 1)
				上课(5, 2)		
			在上课(5, 3)			

图 5-2　代码 5-2 中的网格结构示意

5.2.1　网格及属性

GPF 网格记录了当前网格中语言结构的不同信息。网格属性的主要信息如图 5-3 所示。图 5-3 中“URoot”和“RRoot”等相关的属性，在调用 AddStructure、Relate、Segment 等 API 函数时，根据现场数据自动添加，也可以通过有关 API 函数主动设置这些属性。图 5-3 中的“U1”为主网格单元，“R”为主网格单元具有的关系。

GPF 设计了针对网格及属性的操作，包括获取网格内所有网格单元、取得网格分析文本信息等。网格相关 API 函数示例 1 如图 5-4 所示，主次网格单元及二者之间的关系如图 5-5 所示，网格相关 API 函数示例 2 如图 5-6 所示。

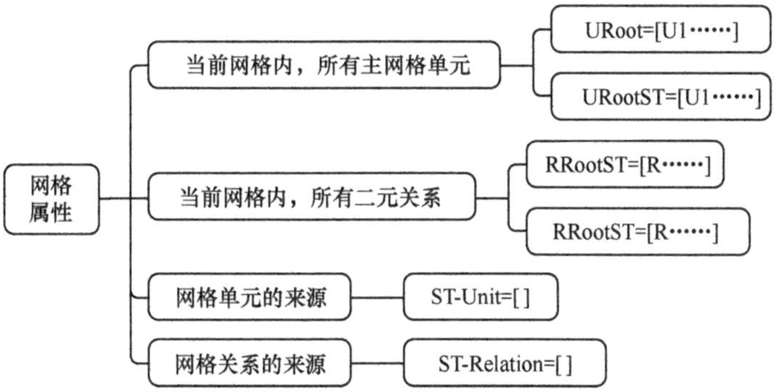

图 5-3　网格属性的主要信息

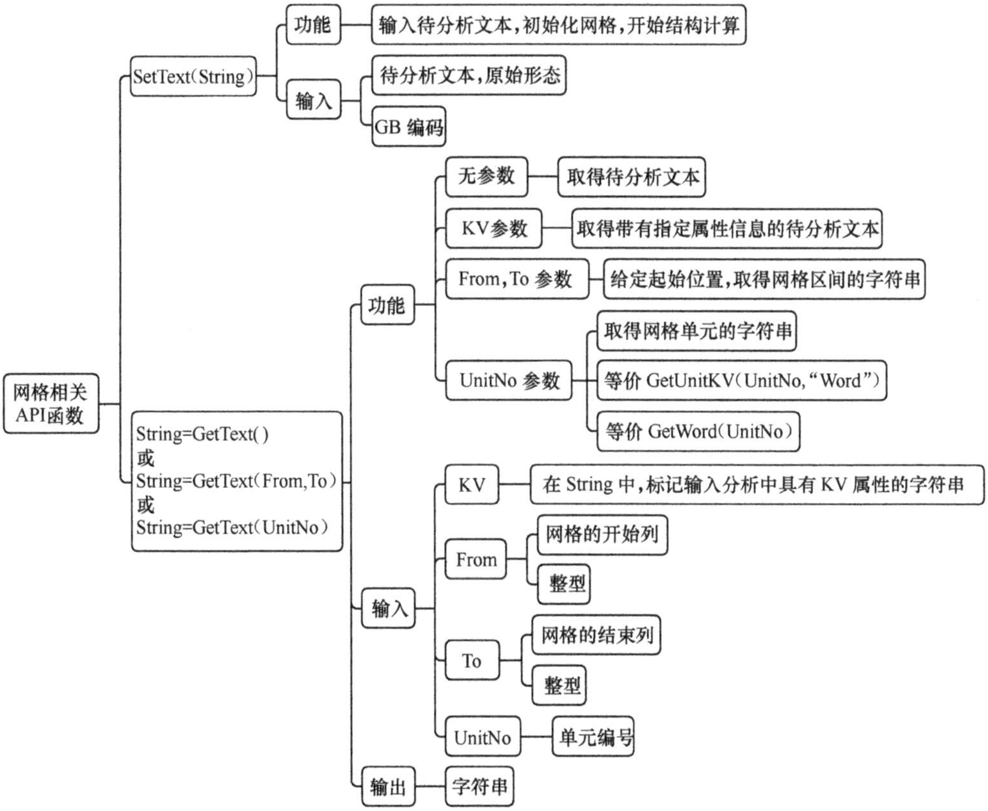

图 5-4　网格相关 API 函数示例 1

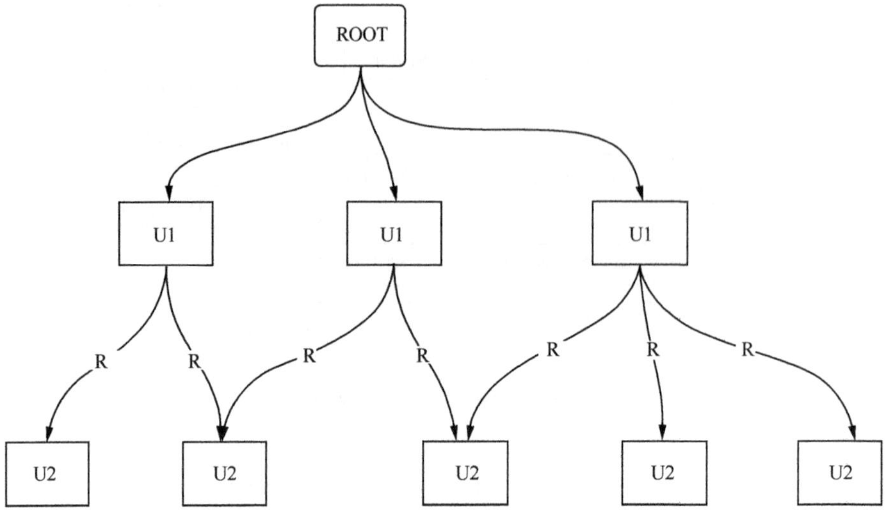

图 5-5　主次网格单元及二者之间的关系

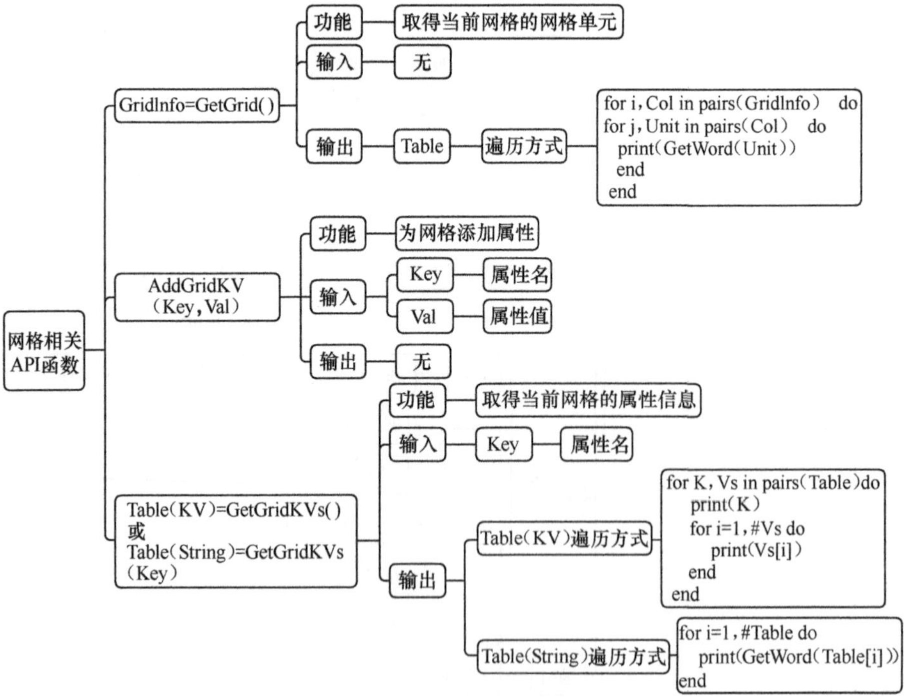

图 5-6　网格相关 API 函数示例 2

5.2.2　网格单元及属性

GPF 中的网格单元对应语言单元，在计算时，网格单元也对应数据表中的数据项、有限状态自动机的 FSA 节点。GPF 结构计算主要的对象就是网格单元。网格单元不仅包含了该网格单元相对于网格的信息，也包含了语言单元的属性信息、与其他网格单元构建的关系信息等。这些信息统称为网格单元的属性，表示为“键值对”的集合。在计算时，“键值对”集合通过键值表达式完成计算，在网格中主要存放键值定义。网格单元内一般属性如图 5-7 所示，网格单元内“R 型”相关的属性如图 5-8 所示，网格单元内“U 型”相关的属性如图 5-9 所示。

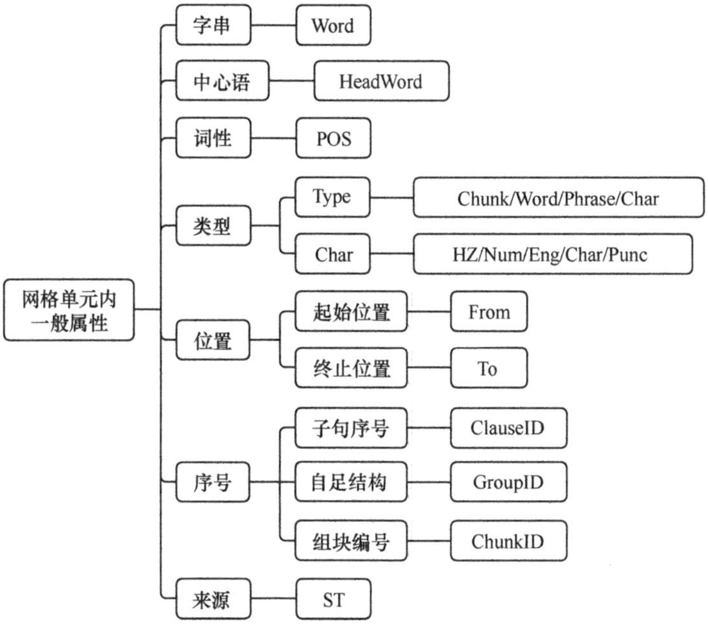

图 5-7　网格单元内一般属性

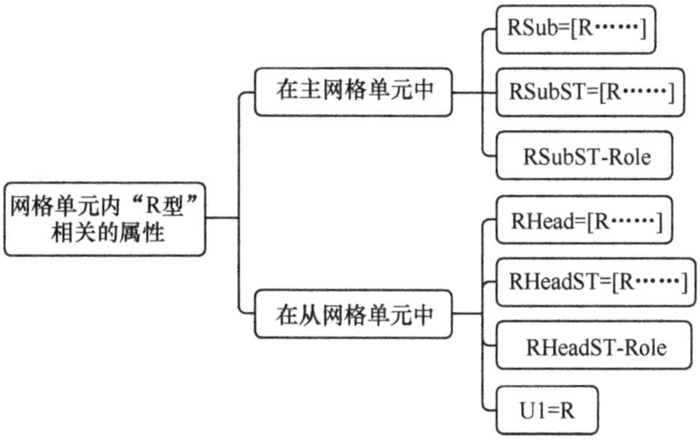

图 5-8　网格单元内“R 型”相关的属性

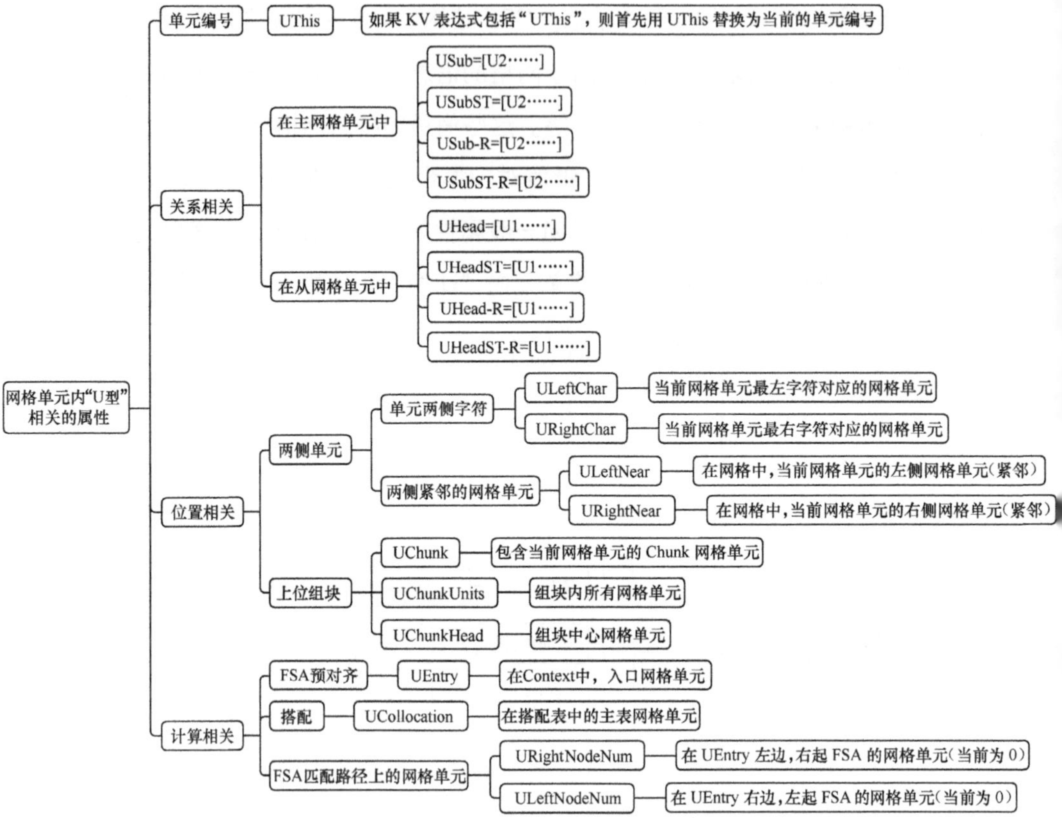

图 5-9　网格单元内"U 型"相关的属性

网格单元属性和网格单元之间的关系计算，由 GPF API 函数完成。GPF API 函数包括网格单元的添加与获取、网格单元属性的添加与获取、网格单元属性特征的添加与获取，以及网格单元的属性测试，网格单元相关函数示例 1 如图 5-10 所示，网格单元相关函数示例 2 如图 5-11 所示。

5.2.3　网格单元间关系及属性

网格单元间关系及属性的具体操作包括关系的添加与获取、关系属性的添加与获取，以及关系的判断等。网格单元之间关系相关函数示例 1 如图 5-12 所示，网格单元之间关系相关函数示例 2 如图 5-13 所示。

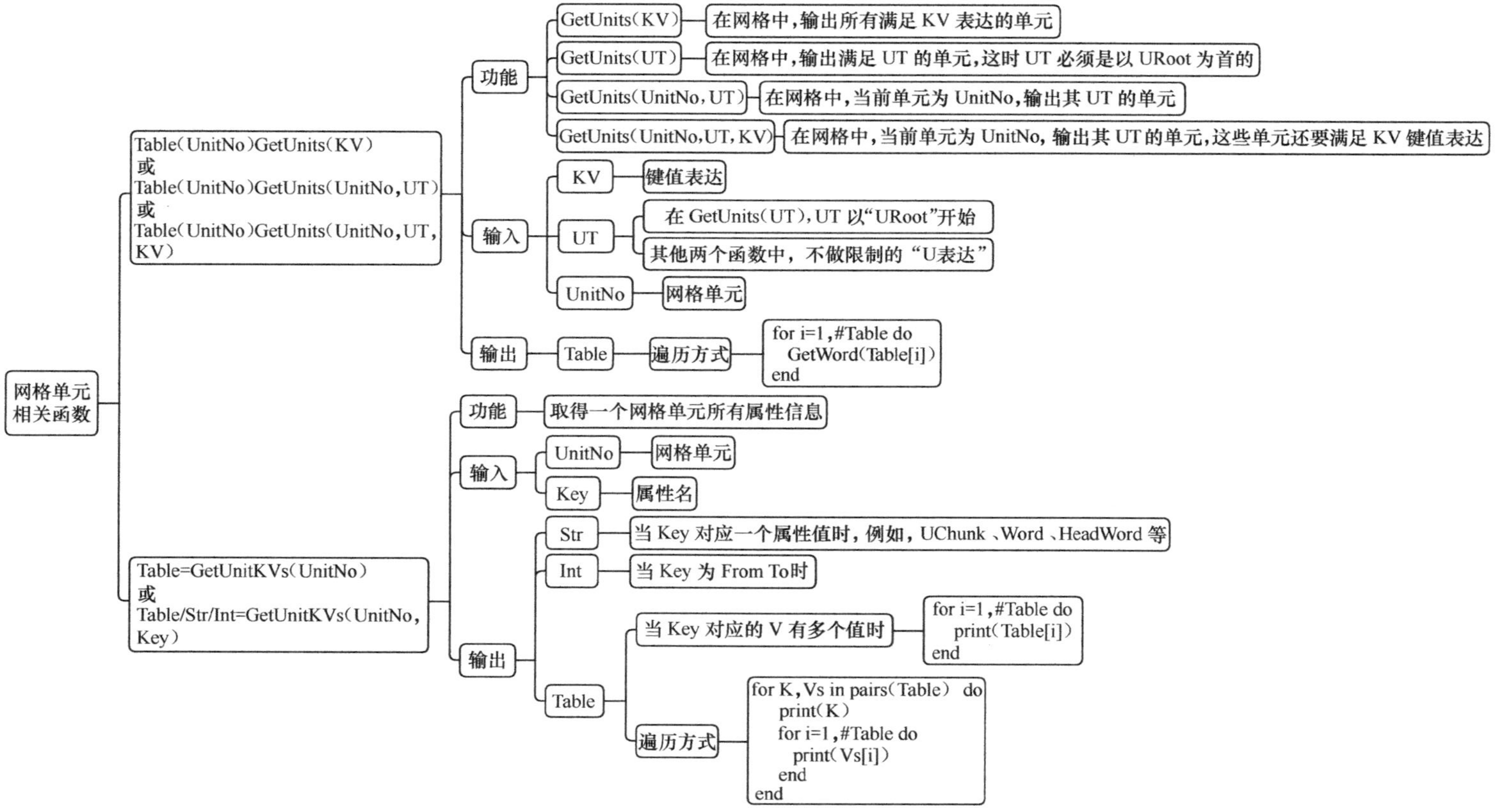

图 5-10　网格单元相关函数示例 1

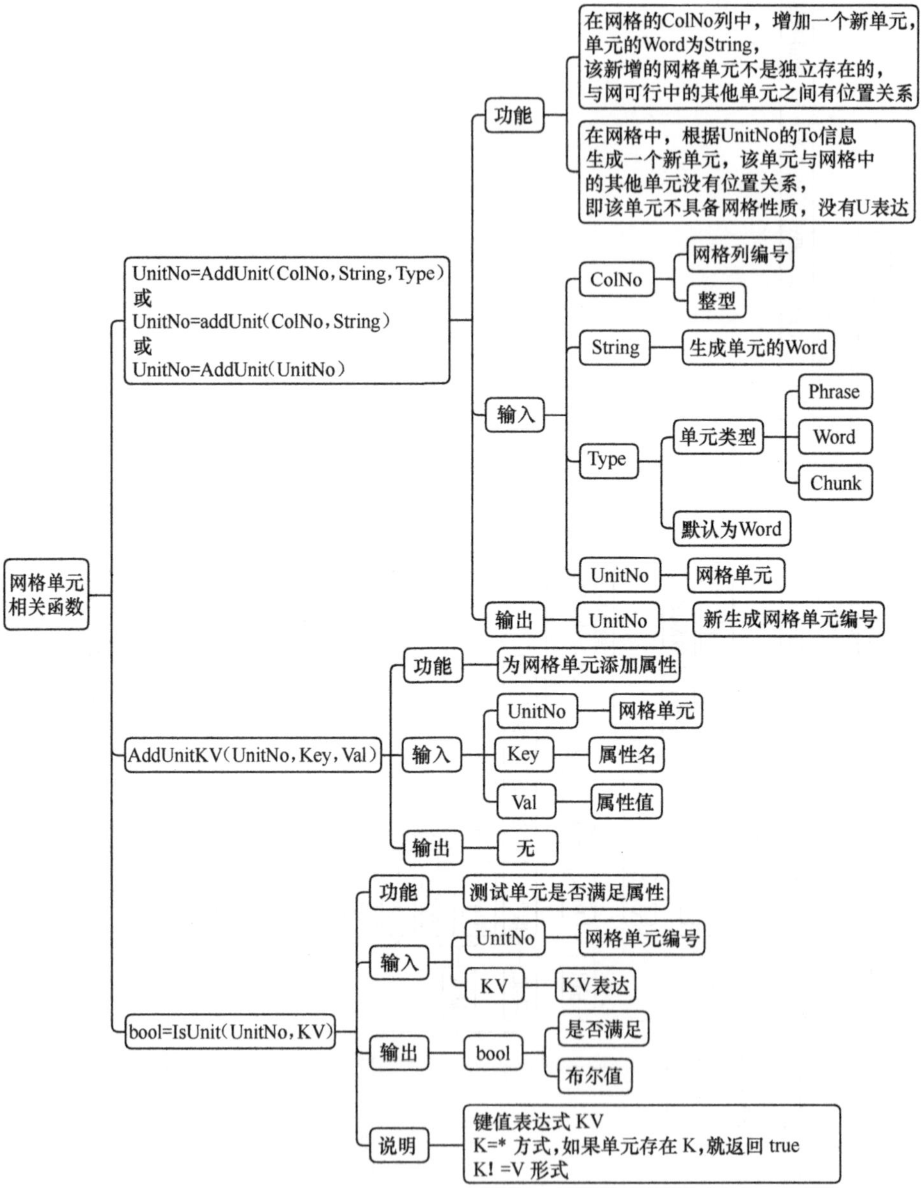

图 5-11　网格单元相关函数示例 2

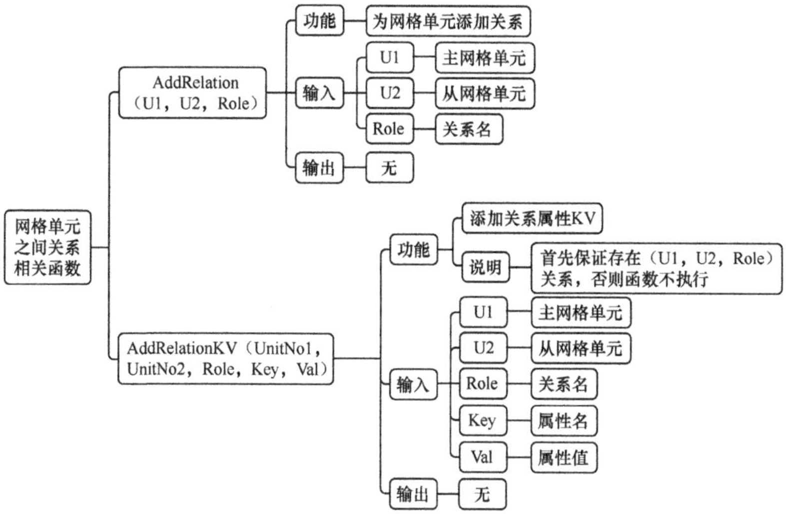

图 5-12 网格单元之间关系相关函数示例 1

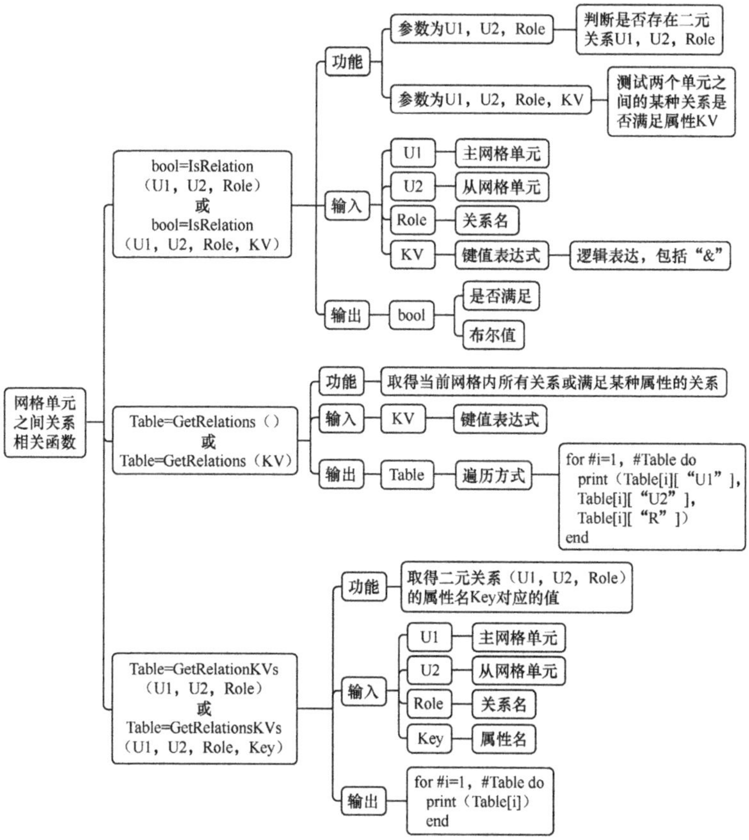

图 5-13 网格单元之间关系相关函数示例 2

5.2.4 网格计算示例 1

1. 任务说明

GPF 输入的文本可以是句子，也可以是篇章，一般通过 API 函数 SetText 一次性导入网格中，完成网格的初始化。网格的初始化完成之后，可进一步深层分析网格中的部分文本，再将分析结果添加到网格中。

2. 主控代码

主控代码示例如下。

代码 5-3

```
Sentences={}
table.insert(Sentences,"本发明公开了多工位硬质聚氨酯模具自动
脱模机，")
table.insert(Sentences,"两条滑轨之间设置托盘框架。")
table.insert(Sentences,"机架两侧设有压紧气缸，压紧气缸上方设有
模具压紧板；")
table.insert(Sentences,"机架上位于滑轨的一端处固定有拉伸气缸。")

local function Main(Sentences)
  Text=table.concat(Sentences,"")
  SetText(Text)
  for i=1,#Sentences do
      Seg=CallService(Sentences[i],"dep")
      AddStructure(seg)

      Seg=CallService(Sentences[i],"seg")
      AddStructure(seg)
  end
  Units=GetUnits("Word=机架")
  for i=1,#Units do
      print(Units[i],GetText(Units[i]))
  end
end

Main(Sentences)
```

3. 计算结果

代码 5-3 的运行结果如下。

```
1  (36,2)   机架
2  (61,2)   机架
```

4. 解释说明

代码 5-3 中的第 2 ～ 7 行为待分析的文本，并分别将其加入表变量 “Sentences” 中。

第 10 ～ 11 行，合并待分析的文本，并通过 API 函数 SetText 将合并后的待分析文本导入网格中，完成网格的初始化。

第 12 ～ 18 行，遍历待分析的文本，并通过 API 函数 CallService 调用第三方服务 “dep” 和 “seg “，对每个待分析的句子进行结构分析，将分析结果存放在变量 “seg” 中，再通过 API 函数 AddStructure 分别将调用两次服务之后的分析结果导入网格中。

第 19 行，通过 API 函数 GetUnits 获得网格中具有 “Word= 机架” 属性的网格单元，并将返回结果存放在 Units 表中。

第 20 ～ 22 行，遍历 Units 表，输出网格单元编号，再通过 API 函数 GetText 获得并输出网格单元对应的字符串。

代码 5-3 的运行结果中，输出的结果分别是代码 5-3 中第 5 行与第 7 行出现的词语 “机架” 及其网格单元编号。

5.2.5 网格计算示例 2

1. 任务说明

GPF 将常用的网格计算功能封装在一个模块 “module” 中。其中，模块 “module” 包括网格遍历 “PrintGrid”、输出网格单元 “PrintUnit”、输出网格单元之间的关系 “PrintRelation” 等函数。在后续的示例中，经常会引用上述函数，本节将提供在模块 “module” 中实现上述功能的代码，进而说明网格结构和常用的网格计算功能。

2. 主控代码

主控代码示例如下。

代码 5–4

```
function module.PrintGridKV ( )
    KVs=GetGridKVs ( )
    Info=""
    for K,Vs in pairs ( KVs )  do
        Val=table.concat ( Vs," " )
        if #Vs > 1 then
            Info=Info...K..."=["...Val..."] "
        elseif  #Vs > 0 then
            Info=Info...K..."="...Val..." "
        end
    end
    print ( Info )
end

function module.PrintUnit ( Type )
    GridInfo=GetGrid ( )

    if Type ==nil or Type =="" then
        Type="Type=Chunk|Type=Word|Type=Phrase|Type=Char"
    end

    for i,Col in pairs ( GridInfo )  do
        for j,Unit in  pairs ( Col )  do
            if IsUnit ( Unit,Type )  then
                Info=""
                KVs=GetUnitKVs ( Unit )
                print ( "=>",GetWord ( Unit ) )
                for K,Vs in pairs ( KVs )  do
                    Info=""
                    for K=1,#Vs do
                        if string.match ( Vs[K]," " )  then
                            Info=Info..." ( "...Vs[K]..." )  "
                        else
                            Info=Info...Vs[K]..." "
                        end
                    end
                    print ( K,"=",Info )
                end

            end
        end
    end
```

```
end

function module.PrintRelation ( )
    Relations=GetRelations ( )
    for i,R in pairs ( Relations ) do
      Relation=GetWord ( R["U1"] ) ...GetWord   ( R["U2"] ) ...
"(" ...R["R"] ... ")"
        KVs=GetRelationKVs ( R["U1"],R["U2"],R["R"] )
        Info=""
        for K,Vs in pairs ( KVs ) do
            Val=table.concat ( Vs,"" )
            if #Vs > 1 then
                Info=Info...K..."=["...Val..."] "
            else
                Info=Info...K..."="...Val..." "
            end
        end
        print ( "=>"...Relation )
        if Info ~= "" then
            print ( "KV:"...Info )
        end
    end
end
```

代码 5-5

```
function module.DrawGraph ( DotPath,Name )
    Head=
    [[
  digraph g {
    node [fontname="FangSong"]
    rankdir=TD
    ]]
    if Name==nil or Name == "" then
        DepHeads=GetGridKVs ( "URoot" )
        Graph="Graph.png"
    else
        DepHeads=GetGridKVs ( "URoot"...Name..."" )
        Graph=Name..."Graph.png"
    end

    Tree="Tree.txt"
    OUT = io.open ( Tree ,"w" )
    io.output ( OUT )
```

```
    io.write(Head)
    for i=1,#DepHeads do
        io.write(GB2UTF8("Root->"...GetWord(DepHeads[i])..."\n"))
        Roles=GetUnitKVs(DepHeads[i],"RSub"...Name)
        for j=1,#Roles do
            Units=GetUnitKVs(DepHeads[i],"USub"...Name..."-
    "...Roles[j])
            for K=1,#Units do
                io.write(GB2UTF8(GetWord(DepHeads[i])..."->"...
    GetWord(Units[K])..."[label="...Roles[j]..."]\n"))
                RS=GetUnitKVs(Units[K],"RSub"...Name)
                for l=1,#RS do
                  UnitFs=GetUnitKVs(Units[K],"USub"... Name..."
    -"...RS[l])
                    for m=1,#UnitFs do
                                 io.write(GB2UTF8(GetWord
    (Units[K])..."->"...GetWord(UnitFs[m])..."[label="...RS[l]..."]\n"))
                    end
                end
            end
        end
    end
    io.write("}\n")
    io.close(OUT)

    Cmd=DotPath..."dot -Tpng "...Tree..." -o "...Graph
    os.execute (Cmd)
    Cmd="del "...Tree
    os.execute (Cmd)
end
```

代码 5-6

```
local function DrawNode(Root,Name)

    local USub
    if Name ==nil or Name == "" then
        USub="USub-Link"
    else
        USub="USub"...Name..."-Link"
    end

    local V=GetUnitKVs(Root,USub)
    if #V == 0 then
        return
```

```
    end
    local i
    for i=1,#V do
        POSs=GetUnitKVs(Root,"POS")
        POS=table.concat(POSs,"、")
        POS1=string.gsub(POS,"-","－")

        POSs=GetUnitKVs(V[i],"POS")
        POS=table.concat(POSs,"、")
        POS2=string.gsub(POS,"-","－")
        io.write(GB2UTF8(GetWord(Root))...POS1..." -> "...GB2UTF8
     (GetWord(V[i]))...POS2..."\n")
        DrawNode(V[i],Name)
    end

end

function module.DrawTree(DotPath,Name)
    Head=
    [[
digraph g {
    node [frontname="FangSong"]
    rankdir=TD
    ]]
    if Name ==nil or Name == "" then
        Root="URoot-Link"
        Graph="tree.png"
    else
        Root="URoot"...Name..."-Link"
        Graph=Name..."tree.png"
    end
    Tree="tree.txt"
    OUT = io.open(Tree,"w")
    io.output(OUT)
    io.write(Head)
    local V=GetGridKVs(Root)
    if #V == 0 then
        return
    end

    local i
    for i=1,#V do
        if #V >1 then
            io.write("Root->"...GB2UTF8(GetWord(V[i]))..."\n")
```

```
57          end
58          DrawNode(V[i],Name)
59      end
60      io.write("}\n")
61      io.close(OUT)
62
63      Cmd=DotPath.."dot -Tpng "..Tree.." -o "..Graph
64      os.execute (Cmd)
65      Cmd="del "..Tree
66      os.execute (Cmd)
67  end
```

3. 解释说明

需要说明的是，代码 5-4、代码 5-5 与代码 5-6 为示例性代码，均无具体的输出结果。

代码 5-4 中包含 3 个函数，分别是输出网格属性、输出指定类型的网格单元、输出网格单元之间关系。

其中，第 1 ～ 13 行为输出网格属性的函数。

第 2 行，使用 API 函数 GetGridKVs 获得网格所有的属性信息，并将返回结果存放在表 KVs 中。

第 3 ～ 12 行，通过遍历表 KVs，输出网格所有的属性信息。

第 15 ～ 43 行为输出指定类型的网格单元的函数。

其中，第 16 行，使用 API 函数 GetGrid 获得网格中所有的网格单元，并将返回结果存放在 GridInfo 表中。

第 18 ～ 20 行，判断传入该函数的参数“Type”的值，如果该值为空，则将“Type”重新赋值为 Chunk、Word、Phrase、Char，即如果“Type”的值为空，下文输出具有 Chunk、Word、Phrase、Char 属性的网格单元。

第 22 ～ 42 行，遍历 GridInfo 表，即遍历网格内的所有网格单元，并在第 24 行用 API 函数 IsUnit 判断每个网格单元“Type”的值是否与输入该函数的“Tpye”的值相同，如果相同，则输出该网格单元所对应的字符串及其属性信息。

第 45 ～ 65 行为输出网格单元之间关系的函数。

其中，第 46 行，通过 API 函数 GetRelations 获得网格中所有网格单元之间的关系，并将返回结果存放在 Relations 表中。

第 47 ～ 64 行，通过遍历表 Relations，获得并输出网格内的所有网格单元之间的关系。

代码 5-5 实现的功能是通过网格计算获取被依存节点和依存节点，以及二者之间的关系，进而生成语言结构图示。

第 2 ～ 7 行，设置画图工具所需的信息，包括字体、方向等。

第 8 ～ 14 行，通过参数“Name”的值判断生成图的数据来源类型，默认为“URoot”，并通过 API 函数 GetGridKVs 获取当前网格单元中的被依存节点，然后将其存放在 DepHeads 表中。

第 16 ～ 42 行，将画图工具“GraphViz”所需要的信息写入文件“Tree.txt”中，画图工具“GraphViz”所需的信息主要有被依存节点和依存节点，以及二者之间的关系。

第 44 ～ 47 行，调用画图程序，生成语言结构图示。

代码 5-6 实现的功能是通过递归方式画出网格结构中存放的树形态的语言结构。语言结构包括两个函数：一是获取树的各个节点及其词性信息；二是通过网格计算实现对树形态语言结构的画图功能。

第 1 ～ 28 行获取当前网格中的树结构信息。

第 3 ～ 8 行，通过参数“Name”的值判断生成图的数据来源类型，默认为“USub-Link”。

第 10 ～ 13 行，通过 API 函数 GetUnitKVs 获取当前网格中的树结构信息，并将其存放在 V 表中，再对该表的长度进行判断。当该表的长度为 0 时，表示在当前网格中没有树结构信息，返回即可。

第 14 ～ 26 行，遍历当前网格中的树结构信息，并通过 API 函数 GetUnitKVs 获取根节点与叶子节点的词性信息。

第 30 ～ 67 行完成的功能与代码 5-5 类似，即通过网格计算将依存信息写入文件中，并调用画图程序生成图。

第 20 ～ 36 行，设置画图工具所需的字体、方向等信息。

第 37 ～ 43 行，通过参数“Name”的值判断生成图的数据来源类型，默认为“URoot-Link”。

第 44 ～ 61 行，将画图工具“GraphViz”需要的信息写入文件“tree.txt”中。画图工具“GraphViz”所需的信息主要有根节点、叶子节点，以及二者之间的关系。

第 63 ～ 66 行，调用画图程序，生成树结构图。

5.2.6 网格计算示例 3

1. 任务说明

利用语言结构信息和网格中字串出现的频次信息识别术语。术语一般是体词性的，通常作为名词短语的中心语，有时也可以作为定语。需要说明的是，篇章中的重点术语一般会重复出现。本小节将说明如何在网格中利用语言结构信息，完成识别术语与字符串频次统计的功能。

2. 主控代码

主控代码示例如下。

代码 5-7

```
require ( "module" )

local function SortLeft ( S1,S2 )
    Len=S1
    if S2 < S1 then
        Len=S2
    end
    for i=0,Len do
        HZ1=GetUnit ( S1-i,1 )
        HZ2=GetUnit ( S2-i,1 )
        if GetText ( HZ1 )  < GetText ( HZ2 )  then
            return true
        end
        if GetText ( HZ1 )  > GetText ( HZ2 )  then
            return false
        end
    end
    return false
end

local function GetMax ( No1,No2 )
```

```
    Len=No1
    if No2 < No1 then
        Len=No2
    end
    Max=0
   U1=GetUnit(No1,1)
   U2=GetUnit(No2,1)
   ClauseID1=GetUnitKV(U1,"ClauseID")
   ClauseID2=GetUnitKV(U2,"ClauseID")

   ChunkID1=GetUnitKV(U1,"ChunkID")
   ChunkID2=GetUnitKV(U2,"ChunkID")

    for i=0,Len do
        U1=GetUnit(No1-i,1)
        U2=GetUnit(No2-i,1)
       if GetUnitKV(U1,"ClauseID") ~= ClauseID1 or
          GetUnitKV(U2,"ClauseID") ~= ClauseID2 or
          GetUnitKV(U1,"ChunkID") ~= ChunkID1 or
          GetUnitKV(U2,"ChunkID") ~= ChunkID2 then

           break
       end
        if GetText(U1) == GetText(U2) then
            Max=Max+1
       else
           break
        end
    end
   return GetText(No1-Max+1,No1)
end

local function ScanSorted(URight,Candidate)
    for i=2,#URight do
       if URight[i-1] ~= URight[i] then
           Str=GetMax(URight[i-1],URight[i])
           if String.len(Str) >= 6 then
               if Candidate[Str] == nil then
                   Candidate[Str]={}
                   table.insert(Candidate[Str],URight[i-1])
                   table.insert(Candidate[Str],URight[i])
               else
                   table.insert(Candidate[Str],URight[i])
               end
```

```
                end
            end
        end

    end

    local function GetCandidate(Candidate)
        ULeft={}
        URight={}
        Units=GetUnits("POS=n|POS=NP")
        for i=1,#Units do
            UR=GetUnits(Units[i],"URightChar")
            From=GetUnitKV(UR[1],"From")
            table.insert(URight,From)
        end
        table.sort(URight,SortLeft)
        ScanSorted(URight,Candidate)
    end

    local function Add2Grid(Candidate)
        for K,V in pairs(Candidate) do
            for i=1,#V do
                Unit=(AddUnit(V[i],K))
                AddUnitKV(Unit,"Term","Candidate")
            end
        end
    end

    local function Main(Sentences)
        Text=table.concat(Sentences,"")
        SetText(Text)
        for i=1,#Sentences do
            Seg=CallService(Sentences[i],"dep")
            AddStructure(seg)
            Seg=CallService(Sentences[i],"seg")
            AddStructure(seg)
        end
        Candidate={}
        GetCandidate(Candidate)
        Add2Grid(Candidate)
        Units=GetUnits("Term=Candidate")
        for i=1,#Units do
            print(Units[i],GetText(Units[i]))
        end
```

```
110  end
111
112  Sentences={}
113  table.insert(Sentences,"本发明公开了多工位硬质聚氨酯模具自动脱模
114  机，包括机架，机架水平方向上设有两条带滑槽的滑轨")
115
116  table.insert(Sentences,"两条滑轨之间设置托盘框架，滑轨正上方设
117  有下顶出气缸，下顶出气缸通过气缸固定板与机架固连，正下方设有上顶出气缸，上顶
118  出气缸通过气缸固定板与机架固连")
119
120  table.insert(Sentences,"机架两侧设有压紧气缸，压紧气缸上方设有模
121  具压紧板，压紧板上设有压紧顶杆，模具压紧板与压紧气缸的活塞杆固连")
122
123  table.insert(Sentences,"机架上位于滑轨的一端处固定有拉伸气缸，托
124  盘框架与拉伸气缸通过的活塞杆固连，上顶出气缸和下顶出气缸的活塞上分别固
125  定有上顶出塞固定板和下顶出塞固定板")
126
127  table.insert(Sentences,"上顶、下顶出塞固定板上分别设有上顶、下顶
128  出塞，上顶、下顶出塞固定板上分别垂直设有防止其旋转的止旋柱。")
129
130  Main(Sentences)
```

3. 计算结果

代码 5-7 的运算结果如下。

```
1    (103,2)  上顶出气缸
2    (97,2)   上顶出气缸
3    (97,3)   顶出气缸
4    (74,3)   顶出气缸
5    (157,2)  模具压紧板
6    (140,2)  模具压紧板
7    (192,2)  托盘框架
8    (55,2)   托盘框架
9    (74,2)   下顶出气缸
10   (68,2)   下顶出气缸
```

4. 解释说明

代码 5-7 中的第 1 行，在 GPF 中调用“module”模块。

其中，第 94 ～ 110 行，为代码 5-7 的主函数，本小节以该部分为主要分析对象，对代码 5-7 的实现过程进行简单介绍。

其中，第 95 行，将“Sentences”表中的元素连接起来，存放在变量

Text 中。

第 96 行，通过 API 函数 SetText 将待分析文本 Text 导入网格中，完成对网格的初始化。

第 97 ～ 102 行，对 Sentences 表进行遍历，并通过 API 函数 CallService 调用第三方服务“dep”和“seg”分别对待分析文本进行处理，将处理结果存放在变量“seg”中，再通过 API 函数 AddStructure 将处理后的结果导入网格中。

第 103 ～ 104 行，通过自定义函数 GetCandidate 完成网格计算，获取术语的候选词，与代码 72 ～ 83 行相对应。在代码第 73 ～ 80 行中，取得每个可能的术语结束的位置，将其放到变量 URight 表中，在变量 URight 表中的每个元素是一个数值，是术语最后一个汉字在网格中的位置。第 81 ～ 82 行，根据结束位置对应的后缀串，对 URight 元素排序，再根据排序结果获得候选术语表。

第 105 行，通过自定义函数 Add2Grid 将术语的候选词导入网格中，并将其对应的网格单元添加“Term=Candidate”属性，与代码 85 ～ 92 行相对应。

第 106 行，通过 API 函数 GetUnits 获取网格中所有具有“Term=Candidate”属性的网格单元，将返回结果存放在 Units 表中。

第 107 ～ 109 行，对 Units 表进行遍历，输出网格中所有具有“Term=Candidate”属性的网格单元编号及其对应的字符串。

第 112 ～ 129 行，待分析文本，有多个句子，均存放在变量 Sentences 表中。

代码 5-7 运算结果中的输出结果为通过网格计算认定为术语的词语及其网格单元编号。

5.3 GPF 知识计算

计算机进行语义分析，生成无歧义的概念结构，离不开知识的支撑。语义分析过程中引入知识，需要完成两项工作：一是知识工程；二是知识计算。其中，知识工程是指从应用目标出发，构建支持语义分析的知识数据；知识计算是指应用知识完成语义分析。

意合图语义分析的知识工程和知识计算主要采取的策略是，通过 GPF 数据表中的知识表示体系来表示不同类型的知识，使知识转为可以支持知识计算的数据结构；借助大数据和 BCC 语料库知识挖掘工具构建不同类型的知识库，并将其封装成数据表；再通过 GPF 的各个部件调用数据表进行知识计算。

GPF 使用数据表对不同类型的知识进行封装，根据数据表表示知识类型的不同，可以将其分为一元数据表和二元数据表两类。其中，一元数据表针对语言单元或概念单元，采用“键值对”的形式描写每个单元的属性；二元数据表是关系型数据表，一般分为主表和从表两种，描述对象通常为两个语言单元，也可以是两个概念，或者是语言单元与概念，两个对象之间具有某种句法或语义关系，同样在关系型数据表中，也采用“键值对”的形式描写两个对象及其关系的属性。

GPF 对数据表进行索引处理，构建了计算机可以快速读取的数据结构。在计算时，数据表中数据项对应网格单元，一元数据表的属性或二元数据表的主表属性被添加到网格单元中，形成网格单元的属性；二元数据表的属性被添加在语言单元间的关系上，形成网格单元之间的关系的属性。

5.3.1　数据表形式

GPF 中的数据表有两种数据形态：一种是可编辑的文本类型，是面向人的，可以加工处理；另外一种是非文本类型的索引数据形态，不可以编辑和加工，是面对机器读取的。GPF 可以完成从文本类型的数据到索引格式的转换。

文本类型数据表的格式说明如图 5-14 所示。

GPF 生成数据表索引的命令如下。

```
gpf -table table-file idx-path
```

需要说明的是，table-file 为数据表文件名，一个数据表文件可以包含一个或多个数据表。

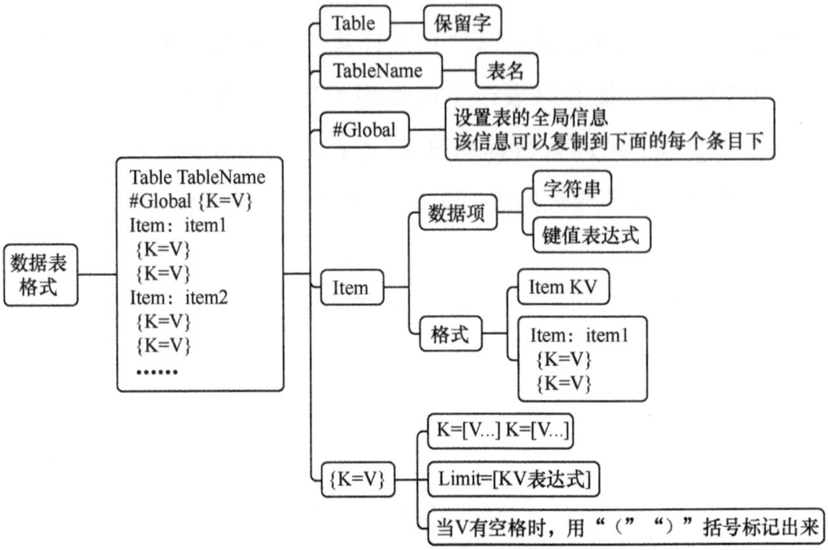

图 5-14　文本类型数据表的格式说明

idx-path 为索引数据存放的路径。

GPF 支持数据表存放多个文件，即支持多套索引数据。

需要说明的是，文本数据生成索引数据可以在离线状态下进行。数据表在使用时，需要通过配置文件告诉 GPF 的索引数据的路径信息，示例如下。

```
{"Type":"Table","Path":path1}
{"Type":"Table","Path":path2}
{"Type":"Table","Path":path3}
```

5.3.2　数据表类型

GPF 中的数据表分为一元数据表和二元数据表两种。一元数据表和二元数据表分别对应描述型数据表和关系型数据表。数据表类型如图 5-15 所示。

1．一元数据表

一元数据表对应的是描述型数据表，而描述型数据表存储一元类知识，用单个数据表即可，主要用于存储词典类知识，包括数据项语音、语法、语义和语用多个层面的属性信息。数据表 5-1 为词典类数据表，具体内容如下。

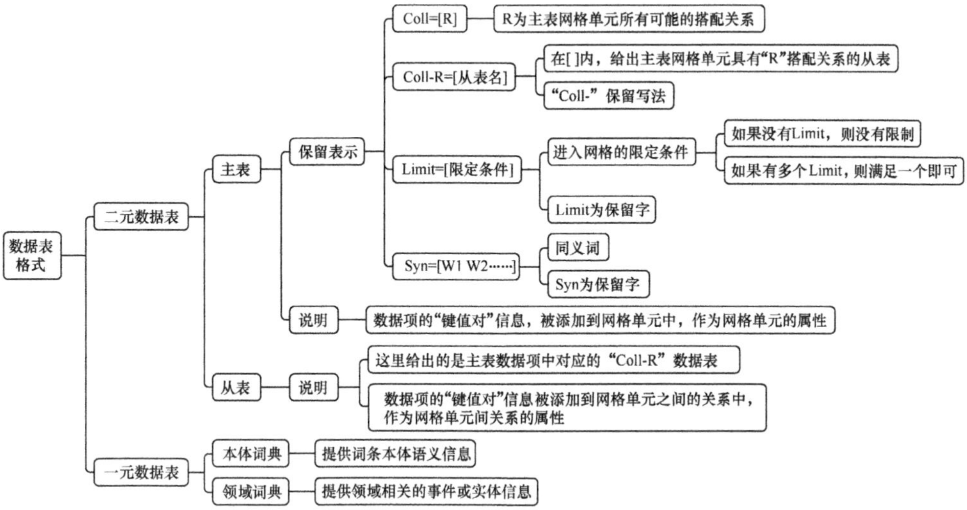

图 5-15　数据表类型

数据表 5-1

```
1    Table FootballPlayer
2    #Global Cat=Entity POS=nr Tag=[Name FootballPlayer]
3    Item:梅西
4    PY=（mei xi） Nationality=阿根廷 Work_for=巴黎圣日耳曼
5    Item:罗纳尔多
6    PY=（luo na er duo）
7    Nationality=巴西
8    Work_for=科林蒂安
9    Item:C罗
10   Item:齐达内
11
12   Table Event
13   Item:战胜
14   POS=v Role=[A0 A1 Score]
15   Field=[Teams FinalScore] Teams=[TeamW TeamL]TeamW=A0 TeamL=A1
16   FinalScore=Score
17   Syn=[击败 完胜 逆转 力克 轻取 淘汰 横扫 力压 击退 力擒]
18   Item:惜败
19   POS=v Role=[A0 Score] Field=[Teams FinalScore] Teams=[TeamL]
20   TeamL=A0 FinalScore=Score
21   Syn=[负 惨败 败 小负 输 惨负 客负 憾负]
```

数据表 5-1 中的第 1 行，“Table”为保留字，“FootballPlayer”为表名。

第 2～11 行，直到遇到新的数据表，都为前一个数据表中的内容。

其中，第 2 行，“#Global”保留字定义了全局“键值对”，即其后接的“键值对”内容为后续的所有数据项共享。

第 3 行，“Item:”为保留标识，后面为数据项。这时数据项可以带空格，如果行首没有“Item:”，则数据项不能带空格。

第 4 ～ 8 行，直到遇到新的“Item:”，都属于上一个数据项的“键值对”内容。

第 6 行，如果“键值对”中的值含有空格，则两端需要加“( )”。

第 8 行，“Work_for”表示“键值对”内部不能带有空格。

第 14 行，“键值对”后接“[ ]”，括号内的多个值具有相同的键值。其中，[ ] 为“键值对”的简写方式。

2. 二元数据表

二元数据表对应的是关系型数据表，而关系型数据表存储关系类知识，由一些列数据表构成。一般情况下，关系型数据表包括一个主表和多个从表。其中，主表存储的是被依存节点，从表存储的是依存节点，通过在主表知识项中引用从表来表示被依存节点和依存节点的关系，示例如下。

数据表 5–2

```
1   Table Event
2   #Global Cat=Event
3   Item:战胜
4   POS=v Coll=[A0 A1 Mod] Coll-A0=[Tab_FootballTeam] Coll-A1=[Tab_
5   FootballTeam]
6   Syn=[击败 完胜 逆转 力克 轻取 淘汰 横扫 力压 击退 力擒]
7
8   Table Tab_FootballTeam
9   利物浦
10  曼联
11
12  Table Mod_战胜
13  没有
14  成功。
```

在数据表 5–2 中的第 1 行，“Event”为主表。

第 3 行，数据项“战胜”定义了两个可搭配的从表，分别作为“战胜”的 A0、A1 和 Mod 的角色。

第 8 行，“Tab_FootballTeam”为主表。

第 12 行，“Table Mod_ 战胜”为从表。

5.3.3　GPF 数据表 API 函数

GPF 数据表 API 函数示例 1 如图 5-16 所示，GPF 数据表 API 函数示例 2 如图 5-17 所示。

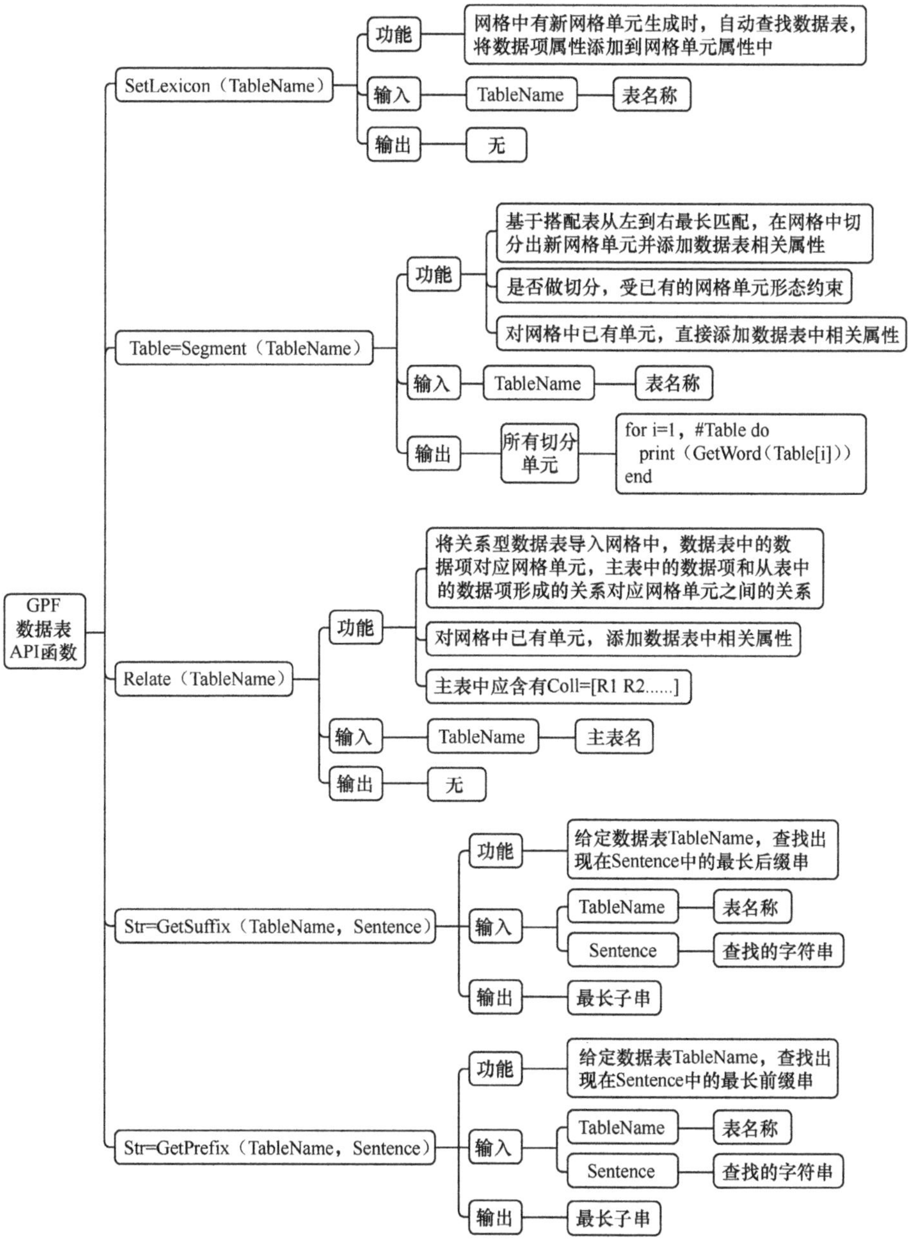

图 5-16　GPF 数据表 API 函数示例 1

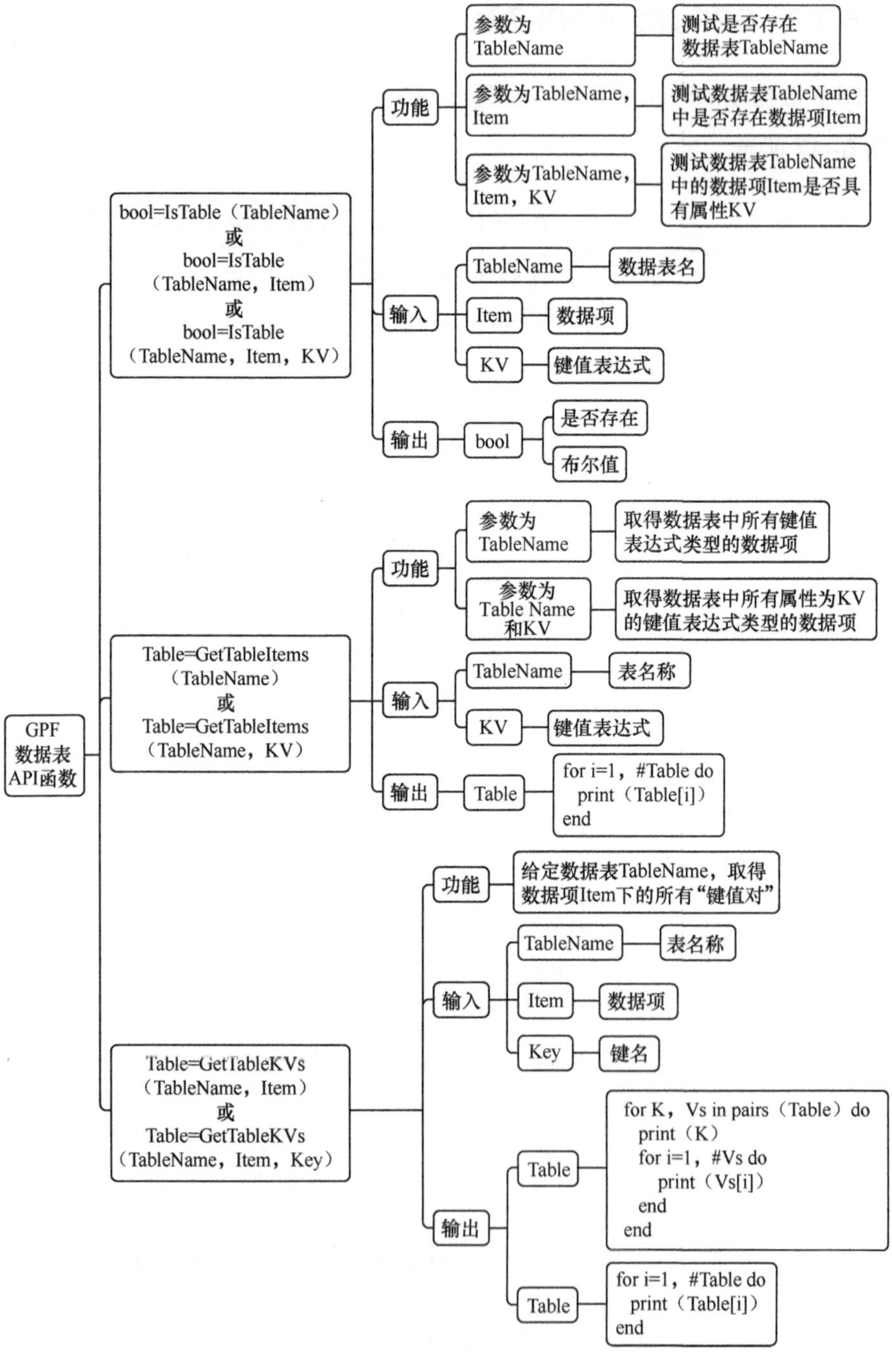

图 5-17　GPF 数据表 API 函数示例 2

5.3.4　知识与数据表

意合图语义分析采用的是以符号计算为中心的组合策略，因此，意合图语义分析过程中需要用到的知识大多为显性知识。我们围绕意合图语义分析的最终目标，构建了描述类知识和关系类知识。

1. 描述类知识

描述类知识主要围绕某一具体对象来构建，以词典的形式存在，用以描述该对象的属性信息。描述类知识主要包括词语的语义类型，即词语所属的语义类标签知识、动词内部结构知识、动词同义词与反义词知识、事件词的语义角色知识等。

（1）语义类标签知识

语义类标签知识是对层级化概念体系下语言单元的语义描述，按照语言单元所属语义类的不同为语言单元赋予不同的语义概念编码。语义概念编码层次体系如图 5-18 所示。

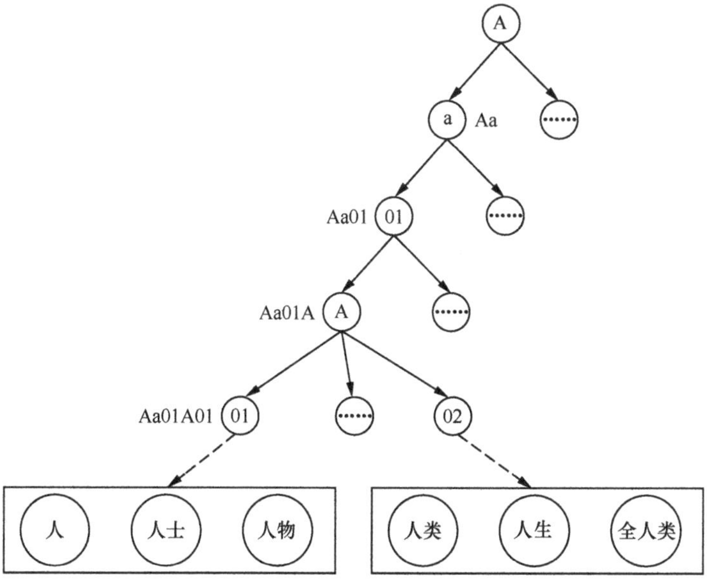

图 5-18　语义概念编码层次体系

“人”“人士”和“人物”的概念编码为“Aa01A01”；“人类”“人生”和“全人类”的概念编码为“Aa01A02”。具体来说，在词典“人物”的词条中，以“Sem=Aa01A01”的形式来表示其所属的语义类，其示例数据表如下。

数据表 5-3

```
Table Tab_SemCode
人物 Sem=Aa01A01
人士 Sem=Aa01A01
人类 Sem=Aa01A02
人生 Sem=Aa01A02
```

在这样的编码体系下，词语通过语义概念编码形成有层次、有关联的分类体系，意合图通过编码的前缀串就可以方便地进行语义计算。

（2）动词内部结构知识

动词内部结构知识有时会影响到动词的论元。动词内部结构知识与句子结构知识基本一致，有主谓结构、动宾结构、状中结构、述补结构、联合结构、附加结构和凝固结构共 7 种。

① 主谓结构：例如，地震、斋戒、自救。

② 动宾结构：例如，上班、变形、打包。

③ 状中结构：例如，微笑、下垂、严禁。

④ 述补结构：例如，看见、充满、打碎。

⑤ 联合结构：例如，开始、喜欢、发生。

⑥ 附加结构：例如，处于、美化、记得。

⑦ 凝固结构：例如，唠叨、哆嗦、轱辘。

本小节以动宾结构“上班”与述补结构“打碎”为例来说明动词的内部结构类型是如何影响动词本身的论元个数与论元指向的。其中，“上班”的内部结构类型是动宾，如果动词的内部结构类型为动宾结构，那么该动词在一般情况下就不能再带宾语；“打碎”的内部结构类型是述补，述补结构一般涉及两个谓词性成分，也就涉及两个事件，例如，在“小朋友打碎了杯子”这一句子中，核心谓词“打碎”中的“打”的主体是“小朋友”，客体是“杯子”，而另一个表示结果的“碎”也有其自身的主体论元“杯子”。具体来说，词条“打碎”中，以“CoEvent=[A0(打)=A0 A0(碎)=A1]”的形式表示其内部结构与外部论元的关系。意合图语义分析可以通过动词的内部结构类型来判断事件词的外部论元数量与论元信息，示例数据表如下。

数据表 5-4

```
Table Tab_Event
打碎 CoEvent=[A0（打）=A0 A0（碎）=A1]
吃光 CoEvent=[A0（吃）=A0 A0（光）=A1]
吃撑 CoEvent=[A0（吃）=A0 A0（撑）=A1]
```

（3）动词同义词与反义词知识

顾名思义，动词同义词与反义词知识即是描述动词的同义词与反义词的知识。再完备的知识，由于数据量的增长与用法的变化，也很难将所有的知识囊括其中。因此，需要对知识进行扩展，扩展一般存在两个角度：一是从动词本身出发；二是从搭配出发。需要说明的是，动词的同义词与反义词即是从动词本身出发。从动词本身出发的搭配扩展，即如果从动词本身的搭配表中找不到该搭配，就从该动词同义词的搭配中寻找。

每个动词的同义词与反义词在描述之后，可以对其搭配进行扩展。例如，如果在动词“鼓励”的关系型数据表中未找到相关搭配，则可通过“鼓励”的同义词“激励、勉励”等关系型数据表对“鼓励”的搭配信息进行扩展。具体来说，在词条“鼓励”中，以“Syn=[激励、勉励]”的形式来表示其同义词，示例数据表如下。

数据表 5-5

```
Table Tab_Event
鼓励  Syn=[激励 勉励]
摇荡  Syn=[飘荡 动乱 震动]
```

（4）事件词的语义角色知识

意合图进一步描述了每个事件词可以带的语义角色类型，以动词“传授”为例，有施事、受事、与事 3 种核心语义角色；另外，还有范围（Scope）、方式（Manner）、目的（Purpose）、时间（Time）、处所（Location）等边缘语义角色。具体来说，词条“传授”中以“Coll=[A0 A1 Scope Manner Purpose Time Location]”的形式表示其可支配的论元语义角色，示例数据表如下。

数据表 5-6

```
Table Tab_Event
传授 Coll=[A0 A1  Scope Manner Purpose Time Location]
```

意合图中事件词的论元角色体系如图 5-19 所示。

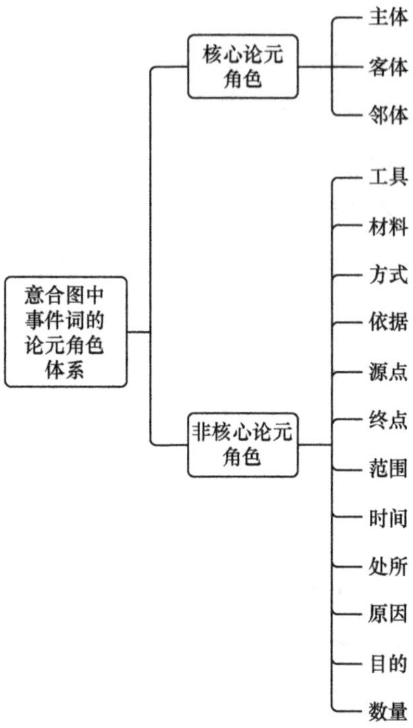

图 5-19　意合图中事件词的论元角色体系

2. 关系类知识

关系类知识主要描述的是两个语言单元之间的关系，可以是句法关系，也可以是语义关系。关系类知识主要包括论元知识和情态知识。其中，论元知识是从事件词与其论元的关系角度出发的，包括核心论元知识、边缘论元知识；情态知识是从事件词与修饰成分的关系出发的，包括情态意义和时态意义的知识。另外，围绕事件词与其周边词语的关系，关系类知识构建了关系形式标记知识，主要包括介词类形式化标记、动词类形式化标记。围绕事件之间的事理关系，关系类知识构建了事理知识，二者均可以为语义关系的分析提供形式化手段。

（1）论元知识

论元知识包括核心论元和边缘论元两种。其中，核心论元通常是事件词的必有论元，在句法上一般充当事件词的主语成分或宾语成分；边缘论元即事件词的非必有论元，在句中可有可无，一般由介词或动词引导，通常充当事件的修饰性成分。在事件词语义角色信息的基础上表示事件词的论元知识，以词条“传授”为例，其具有“Coll=[A0 A1 Scope Manner Purpose Time Location]”的语义角色信息，进一步为每个语义角色构建具体的论元知识，例如，在词条中以“Coll-A0=[A0_ 传授]”的形式表示“传授”A0 角色下的论元知识。其中，“A0_ 传授”可以充当“传授”A0 角色的词语列表，示例数据表如下。

数据表 5-7

```
Table Tab_Event
传授 Coll=[A0 A1 Scope Manner Purpose Time Location] Coll-A0=
[A0_传授]  Coll-A1=[A1_传授]

Table A0_传授
老师
教师
师傅

Table A1_传授
学生
徒弟
```

（2）情态知识

情态知识表达的是说话者的主观态度、情感信息以及时态标记等，句法上通常充当事件词的修饰性成分。

① 时态意义知识

时态意义知识一般表示事件发生的时间或状态，分为现在、过去与将来3类，由时间助词、时间副词、时间名词等充当。例如，“将要增加”搭配中，时间副词“将要”表示“增加”这一事件还未发生。而在 GPF 数据表的构建中，“增加”存储在主表中，其词条中以“Coll-Time=[Tab_Time]”的形式表示时态信息。其中，“Tab_Time”为表示时态意义的词语列表，列表中的“将要”一词表示将来意义，则“将要”的词条中具有更细致的时态属性信息“Tense=Future”，示例数据表如下。

数据表 5-8

```
Table Tab_Event
增加 Coll=[Time] Coll-Time=[Tab_Time]
```

```

Tab_Time
将要 Tense=Future
```

② 情态意义知识

情态意义知识描述的是句子所表达的主观义与附加义，句法上一般是事件词的状语或补语成分，通常由形容词、副词等充当。例如，“特别喜欢”中，副词“特别”表示“喜欢”的程度比较高，是说话者主观意义的表达。知识封装为数据表时，“喜欢”存储在主表中，在词条中以“Coll-Mod=[Tab _Mod]”的形式表示情态信息。其中，“Tab_Mod”为表示情态意义的词语列表，列表中的“特别”一词表示程度高的意义，则“特别”的词条中具有更细致的情态属性信息“Degree=High”，示例数据表如下。

数据表 5-9

```
Table Tab_Event
喜欢 Coll=[Mod] Coll-Mod=[Tab_Mod]

Tab_Mod
特别 Degree=High
```

（3）关系形式标记知识

一些事件词的某些论元角色常常通过形式标记来引导，例如，在“通过网络传播”中，介词“通过”引导的名词“网络”是事件词“传播”的方式论元。知识封装为数据表时，动词“传播”存储在主表中，在词条中以“Coll-Aid=[Aid_传播]”的形式表示论元的形式标记信息。其中，“Aid_传播”为表示论元标记的词语列表，列表中的“通过”一词通常介引方式论元，则“通过”的词条中具有更细致的属性信息“PP=Manner”，示例数据表如下。

数据表 5-10

```
Table Tab_Event
传播 Coll=[Aid] Coll-Aid=[Aid_传播]

Table Aid_传播
通过 PP=Manner
```

有些动词处于语法化的过程中，其用法与介词类似。例如，“利用”与“用”

都是引出动词“转化”的方法。为了便于意合图语义分析，这种用法的动词一般也会处理为论元引导词，同时构建了动词引导词的知识库、数据表的具体封装方法，示例如下。

利用静电纺丝的方法将前驱体溶液转化成前驱体纤维膜。

用静电纺丝的方法将前驱体溶液转化成前驱体纤维膜。

示例数据表如下。

数据表 5-11

```
Table Tab_Event
转化 Coll=[Aid] Coll-Aid=[Aid_转化]

Table Aid_转化
利用 VP=Manner
用 PP=Manner
```

（4）事理知识

一些事件词在同一个句子中共现时，通常会存在共享论元的情况。例如，在足球比赛新闻中，“起脚”和“打进”常常接续出现，并且共享主体论元。再如，兼语句中的两个事件词，前者的客体通常是后者的主体。知识封装为数据表时，其中一个动词存储在主表中，例如“打进”，在词条中以“Coll-Aid=[Aid_ 打进]”的形式表示该信息。其中，“Aid_ 打进”为表示事理知识的词语列表，列表中的“起脚”一词通常与“打进”共享论元，则“起脚”的词条中具有更细致的属性信息“Share=A0:A0”，示例数据表如下。

数据表 5-12

```
Table Role_Event
打进 Coll=[Aid] Coll-Aid=[Aid_打进]

Table Aid_打进
起脚 Share=A0:A0
```

依照上文的描述知识体系与关系知识体系，从大规模的 BCC 语料库中抽取数据，意合图进行加工处理后，形成相应的描述知识数据表与关系知识数据表。

5.3.5 数据表应用示例 1

1. 任务说明

本应用示例实现了 3 个功能，分别对应代码 5-8 中的函数 Exam0、Exam1 和 Exam2。我们将通过本应用示例来说明与数据表相关的 API 函数及其应用。

其中，Exam0 对应说明 API 函数 SetLexicon。

Exam1 对应说明与遍历和查找数据表相关的 API 函数 GetTableItems、GetTableKVs 等。

Exam2 对应说明与遍历和查找数据表相关的 API 函数 GetTableItems、IsTable 等。

2. 数据表

示例数据表如下。

数据表 5-13

```
Table CEDict
#Global Tag=CE
率先 T=first_time
首次 T=first_time
瑞士  T=switzerland
球 T=ball
篮球 T=ball
排球 T=ball
球员 T=player T=ball
运动员 T=player
Player T=player
Word=大家
POS=v
```

3. 主控代码

主控代码示例如下。

代码 5-8

```
local function Exam0()
   SetLexicon("CEDict")
   Line='{"Type":"Word","Units":["瑞士","球员","塞费罗维奇","
   率先","破门","，","沙奇里","梅开二度","。"]}'
   AddStructure(Line)
   Units=GetUnits("Tag=CE")
```

```
    for i,Unit  in pairs(Units) do
        print("=>",GetWord(Unit))
        KVs=GetUnitKVs(Unit)
        for K,Vs in pairs(KVs) do
            Val=table.concat(Vs," ")
            print(K,"=",Val)
        end
    end
end

local function Exam1()
    Table=GetTableItems("CEDict","T=ball")
    for i,Word  in pairs(Table) do
        Info=Word..."\t"
        KVs=GetTableKVs("CEDict",Word)
        for K,Vs  in pairs(KVs) do
            Val=table.concat(Vs,"")
            if #Vs > 1 then
                Info=Info...K..."=["...Val..."] "
            else
                Info=Info...K..."="...Val..." "
            end
        end
        print(Info)
    end
end


local function Exam2()
    if IsTable("CEDict") then
        Table=GetTableItems("CEDict")
        for i,Word  in pairs(Table) do
            print(Word)
        end
    end

end

print("Exam0:")
Exam0()
print("\nExam1:")
Exam1()
print("\nExam2:")
Exam2()
```

4. 运行结果

代码 5-8 的运行结果如下。

```
Exam0:
=>  瑞士
From     =   0
UChunk   =
T   =   switzerland
Word     =   瑞士
Tag =   CE
ClauseID     =   0
ST   =   JSON
HeadWord     =   瑞士
UThis    =   (1,2)
Type     =   Word
To   =   1
=>  球员
From     =   2
UChunk   =
T   =   player ball
Word     =   球员
Tag =   CE
ClauseID     =   0
ST   =   JSON
HeadWord     =   球员
UThis    =   (3,2)
Type     =   Word
To   =   3
=>  率先
From     =   9
UChunk   =
T   =   first_time
Word     =   率先
Tag =   CE
ClauseID     =   0
ST   =   JSON
HeadWord     =   率先
UThis    =   (10,2)
Type     =   Word
To   =   10

Exam1:
篮球  T=ball Tag=CE
```

```
41  排球  T=ball Tag=CE
42  球 T=ball Tag=CE
43  球员  T=[playerball] Tag=CE
44
45  Exam2:
46  #Global
47  POS=v
48  Word=大家
49  Player
50  篮球
51  率先
52  排球
53  球
54  球员
55  瑞士
56  首次
57  运动员
```

5. 解释说明

数据表 5-13 中各行的具体说明如下。

第 1 行，Table 为保留字，表示一个数据表，CEDict 为该数据表的名字，用户可以自定义。

第 2 行，通过“#Global”为数据表 CEDict 中的每个数据项设置属性“Tag=CE”。

第 3 ～ 11 行，以字符串的形式列出数据表 CEDict 中的数据项，并在每个数据项的后面用“键值对”描述数据项的属性。

第 12 ～ 13 行，用“键值对”的形式列出数据表 CEDict 中的数据项，表示具有属性“Word= 大家”或“POS=v”的词语均为数据表 CEDict 中的数据项。

代码 5-8 中，共有 3 个函数，具体说明如下。

第 1 ～ 15 行，为第一个函数 Exam0。

第 2 行，通过 API 函数 SetLexicon 调用数据表 CEDict，运行该 API 函数之后，当在网格中产生新单元时，将会自动查找调用的数据表，并将相关的数据项属性添加到网格单元的属性中。

第 3 ～ 5 行，定义变量 Line，并将符合 GPF 预定义 JSON 格式的待分析文本赋值给变量 Line，通过 API 函数 AddStructure 将 JSON 格式的待分析文本导入网格中。此时，网格中产生的新单元有“瑞士”“球员”“塞费罗维奇”“率先”“破门”“，”“沙奇里”“梅开二度”。在运行 API 函数 SetLexicon 后，将数据表 CEDict 中列出的数据项“率先”“瑞士”“球员”各自的属性也添加到了对应的网格单元的属性中。

第 6 行，通过 API 函数 GetUnits 获取网格中具有“Tag=CE”的网格单元的编号，并将返回结果存放在 Units 表中。

第 7 ～ 14 行，遍历 Units 表，并通过 API 函数 GetUnitKVs 获取网格单元的属性，将返回结果存放在 KVs 表中。遍历 KVs 表，并输出其网格单元的属性。

第 17 ～ 32 行，为第二个函数 Exam1。

第 18 行，通过 API 函数 GetTableItems 获取数据表 CEDict 中具有“T=ball”属性的数据项，并将返回结果存放在 Table 表中。

第 19 ～ 31 行，遍历 Table 表，并通过 API 函数 GetTableKVs 获取数据表 CEDict 中具有“T=ball”属性的数据项的所有属性，将返回结果存放在 KVs 表中。遍历 KVs 表，输出数据表 CEDict 中具有“T=ball”的数据项的所有属性。

第 35 ～ 43 行，为第三个函数 Exam2。

第 36 行，判断是否存在表名为 CEDict 的数据表。

第 37 行，如果存在表名为 CEDict 的数据表，则通过 API 函数 GetTableItems 获取数据表 CEDict 中的所有数据项，并将返回结果存放在 Table 表中。

第 38 ～ 40 行，遍历 Table 表，输出数据表 CEDict 中的所有数据项。

代码 5-8 的运行结果中各行的具体说明如下。

第 1 ～ 37 行，为 Exam0 的运行结果。

输出的结果是网格中产生的新单元与数据表 CEDict 中数据项的交集，即“瑞士”“球员”“率先”。

以第 2 ～ 13 行词语“瑞士”的属性为例，第 5 行、第 7 行列出的网格单元属性来自数据表 CEDict。调用 API 函数 SetLexicon 之后，一旦在网格中产生新的网格单元，便查找数据表 CEDict，如果在数据表 CEDict 中存在与网格单元字符串相同的数据项，则把数据表 CEDict 中数据项的属性添加到对应的网格单元中。

第 39 ～ 43 行，为 Exam1 的运行结果。

输出的结果是数据表 CEDict 中具有“T=ball”的数据项及该数据项的所有属性。

第 45 ～ 57 行，为 Exam2 的运行结果。

输出的结果是数据表 CEDict 中所有的数据项。

5.3.6　数据表应用示例 2

1. 任务说明

本示例说明与数据表相关的 API 函数 GetSuffix 的使用方法，通过该函数可以判断网格内的分析文本是否包含数据表中的数据项，如果网格内的分析文本包含数据表中的数据项，则在网格的相应位置添加新的网格单元。

2. 数据表

数据表示例如下。

数据表 5-14

```
Table Dict
打进 Role=[A0 Time]
起脚 Role=A0
梅开二度 No=2
率先 No=1
瑞士 Sem=Nation
球员 Sem=Player
```

3. 主控代码

主控代码示例如下。

代码 5-9

```
local function SegWord(TabName)
    UnitWord={}
    Cols=GetGrid()
    for i=1,#Cols do
        Ret=GetSuffix(TabName,GetText(0,i-1))
        if Ret ~= "" then
            Unit=AddUnit(i-1,Ret)
            table.insert(UnitWord,Unit)
        end
    end
```

```
11        return UnitWord
12    end
13
14    function Main(MainTab)
15        Line=[[
16        {"Type": "Chunk", "Units": ["瑞士球员塞费罗维奇", "率先",
17         "破门", ",", "沙奇里", "梅开二度", "。"], "POS": ["NP",
18         "VP", "VP", "w", "NP", "VP", "w"], "Groups": [{"HeadID":
19         1, "Group": [{"Role": "sbj", "SubID": 0}]}, {"HeadID": 2,
20         "Group": [{"Role": "sbj", "SubID": 0}]}, {"HeadID": 5,
21         "Group": [{"Role": "sbj", "SubID": 4}]}],"ST":"dep"}
22        ]]
23        AddStructure(Line)
24
25        UnitWord=SegWord(MainTab)
26
27        for i=1,#UnitWord do
28            print(GetText(UnitWord[i]))
29        end
30
31    end
32
33    Main("Dict")
```

4. 运行结果

代码 5-9 的运行结果如下。

```
瑞士
球员
率先
梅开二度
```

5. 解释说明

数据表 5-14 的具体说明如下。

第 1 行，声明表名为 Dict。

第 2 ～ 7 行，列出数据表 Dict 的数据项，并在各自的数据项后列出与其相关的属性。

代码 5-9 的具体说明如下。

第 14 ～ 31 行，为代码 5-9 的主函数。

第 15 ～ 23 行，定义变量 Line，并将符合 GPF 预定义 JSON 格式的待分析文本赋值给变量 Line，通过 API 函数 AddStructure 将 JSON 格式的待分析文本导入网格中。

第 25 行，调用自定义函数 SegWord 并将返回值存放在表 UnitWord 中，与代码 1 ～ 12 行相对应。其中，第 3 行为获取当前网格的列，并将返回结果存放在表 Cols 中。第 4 ～ 10 行，遍历网格的列，在每个位置查找待分析文本的后缀是否在数据表中，如果待分析文本的后缀在数据表中，则将数据表中相应的数据项添加到网格中，生成新的网格单元。“瑞士”“球员”“率先”“梅开二度”出现在当前网格中待分析文本的后缀数据表中。第 11 行，返回所有新添加的网格单元。

第 27 ～ 29 行，输出所有新添加的网格单元。

代码 5-9 的运行结果为当前网格中每个网格单元所对应的语言单元的后缀出现在数据表中的数据项，分别是“瑞士”“球员”“率先”“梅开二度”。

5.3.7 数据表应用示例 3

1. 任务说明

本示例说明与数据表相关的 API 函数 Relate 的使用方法。根据主表和从表内容，该函数可以在网格中构建相应的二元关系，将主表中的数据项作为主网格单元（Head），即对应被依存的语言单元，并将主表数据项中的属性添加到主网格单元中；将从表中数据项作为从网格单元（Sub），即对应依存的语言单元，并将从表数据项中的属性添加到网格单元关系的属性中。

2. 数据表

数据表示例如下。

数据表 5-15

```
Table Sem_Lex
前锋 Sem=Ae14A05
中锋 Sem=Ae14A05
左锋 Sem=Ae14A05
右锋 Sem=Ae14A05
中卫 Sem=Ae14A05
前卫 Sem=Ae14A05
```

```
右卫 Sem=Ae14A05
后卫 Sem=Ae14A05
边锋 Sem=Ae14A05
射手 Sem=Ae14A05
守门员 Sem=Ae14A05
门将 Sem=Ae14A05
锋线 Sem=Ae14A05
```

其中，主表的数据表示例如下。

数据表 5-16

```
Table Role_Event
Item:#Global
Coll=[Aid Mod Time]
Coll-Time=[Tab_Time]
Coll-Mod=[Tab_Mod]
Item:打进
Coll=[A0 A1] Syn=[打入 入门 进球 破门]
Coll-A0=[Tab_Person]
CoEvent=[A0（打）=A0 A0（进）=A1]
Item:起脚
Coll=A0 Coll-A0=[Tab_Person]
```

从表的数据表示例如下。

数据表 5-17

```
Table Tab_Person
POS=nr
Tag=Person
Sem=Ae14A05
Table A1_打进
球
球门
Table Aid_打进
起脚 Feature=Share Share=A0:A0
由 Feature=PP PP=A0
被 Feature=PP PP=A0
Table Tab_Time
Tag=Time
POS=t
```

```
再次 No=2
首次 No=1
率先 No=1
```

```
Table Tab_Mod
再次 No=2
首次 No=1
率先 No=1
```

3. 主控代码

主控代码的示例如下。

代码 5-10

```
require("module")
function Exam(Sent)
    SetLexicon("Sem_Lex")
    Seg=CallService(Sent,"Segment")
    AddStructure(Seg, "SegPOS")
    Relate("Role_Event")
    module.PrintRelation()
end

Sent="前锋接到左锋的传球，起脚射门，破了对方的门，打进了第一个球"
Exam(Sent)
```

4. 运行结果

代码 5-10 的运行结果如下。

```
=>起脚 前锋(A0)
KV:ST=Role_Event
=>起脚 左锋(A0)
KV:ST=Role_Event
=>打进 前锋(A0)
KV:ST=Role_Event
=>打进 左锋(A0)
KV:ST=Role_Event
=>打进 球(A1)
KV:ST=Role_Event
=>打进 球(A1)
KV:ST=Role_Event
=>打进 起脚(Aid)
KV:ST=Role_Event Share=A0:A0 Feature=Share
```

5. 解释说明

数据表 5-15 的具体说明如下。

第 1 行，声明数据表的名字为 Sem_Lex。

第 2 ～ 14 行，列出数据表 Sem_Lex 中的数据项及其相应的属性。

数据表 5-16 的具体说明如下。

第 1 行，声明数据表的名字为 Role_Event。

第 2 ～ 5 行，设置当前数据表的全局参数，即当前数据表中的所有数据项均具有第 3 ～ 5 行所列出的属性。

第 6 行，Item 为保留字，声明“打进”是主表中的数据项。

第 7 ～ 9 行，数据项“打进”的属性。

第 10 行，Item 为保留字，声明“起脚”是主表中的数据项。

第 11 行，数据项“起脚”的属性。

数据表 5-17 的具体说明如下。

数据表 5-17 共有 5 个从表，分别是“Tab_Person”“A1_ 打进”“Aid_打进”“Tab_Time”“Tab_Mod”，我们以第一个“Tab_Person”为例进行具体说明。

第 1 行，声明数据表的名字为“Tab_Person”。

第 2 ～ 4 行，数据表“Tab_Person”的数据项。

代码 5-10 中的具体说明如下。

第 1 行，调用模块“module”。

第 3 行，通过 API 函数 SetLexicon，将数据表“Sem_Lex”中的属性添加到网格单元的属性中。

第 4 行，通过 API 函数 CallService 调用分词词性标注服务“Segment”，并将返回结果存放在变量 Seg 中。

第 5 行，通过 API 函数 AddStructure 将分词词性标注服务返回的结果导入网格中。

第 6 行，使用 API 函数 Relate，将关系型数据表“Role_Event”导入网格中，并将主表和从表中数据项形成的关系对应到网格单元之间的关系。

第 7 行，调用模块“module”中的函数 PrintRelation，输出网格单元之间的关系。

运行结果的具体说明如下。

输出的结果是将二元关系型数据表“Role_Event”及其从表导入网格后得到的网格单元间关系及关系的属性。例如，“打进 起脚 (Aid)”表示“打进”和“起脚”之间构成“Aid”关系。该关系的属性分别为“ST=[Role_Event]”“Share=A0:A0”和“Feature=Share”。其中，“ST=[Role_Event]”属性用于标记该关系的来源信息，后两个属性则来自从表中对应数据项的属性。以上二元关系及关系的属性一方面用于为事件词提供候选论元；另一方面用于为候选论元特征的构建提供基础。

5.4　GPF 有限状态自动机（FSA）

深度语义分析离不开上下文相关信息，需要根据上下文条件的判断执行相应的操作，自然语言表达的方式灵活多样，那么如何描述上下文呢？如果采用程序设计语句，例如，条件控制语句表述上下文相关信息，则会导致脚本代码复杂、难以维护，同时也会出现效率较低的问题。如果采用模板方式，则存在模板匹配效率较低的问题，也会出现模板之间冗余和冲突问题。GPF 通过使用有限状态自动机与网格匹配，高效地实现了上下文识别的功能。

5.4.1　FSA 脚本

GPF 中的有限状态自动机有两种数据形态：一种是可编辑的文本类型，是面向人的，可以加工处理，我们称其为 FSA 文件，每个 FSA 文件包括多个 FSA 脚本；另外一种是非文本类型的索引数据形态，不可编辑和加工，是面向机器读取的。GPF 工具可以完成从文本类型的 FSA 到索引格式的转换。

其中，FSA 文件结构如图 5-20 所示，FSA 脚本结构如图 5-21 所示，FSA 脚本说明示例 1 如图 5-22 所示，FSA 脚本说明示例 2 如图 5-23 所示。

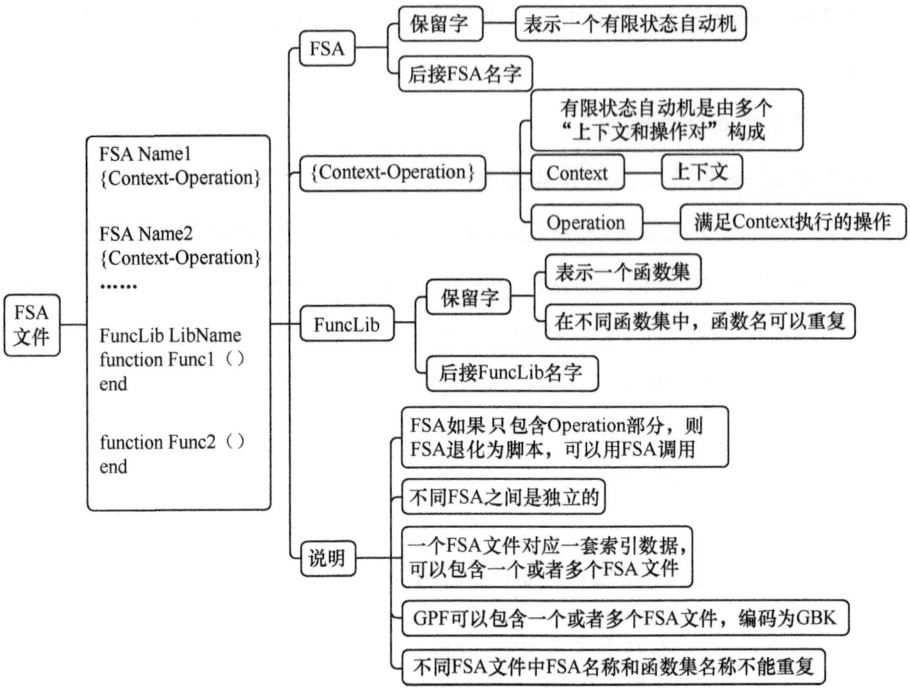

图 5-20　FSA 文件结构

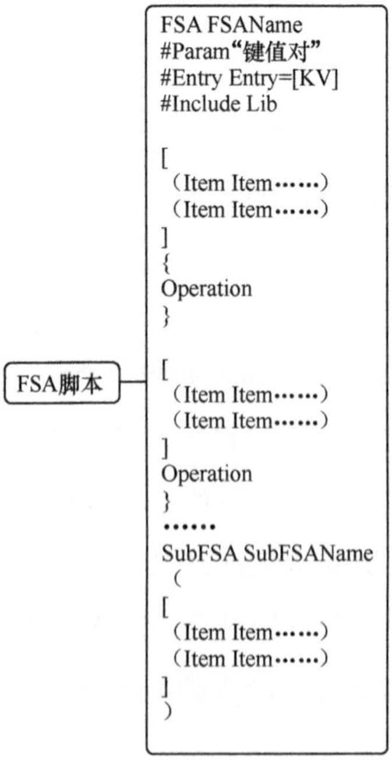

图 5-21　FSA 脚本结构

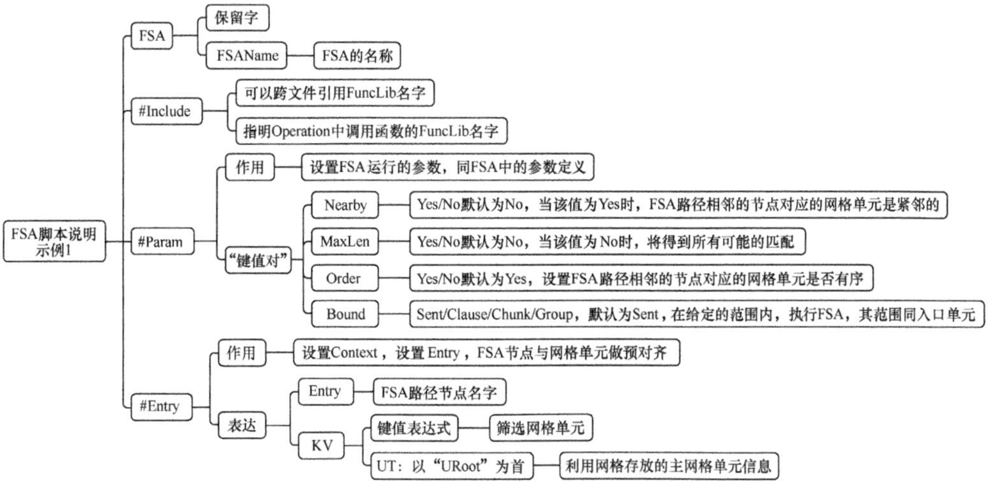

图 5-22　FSA 脚本说明示例 1

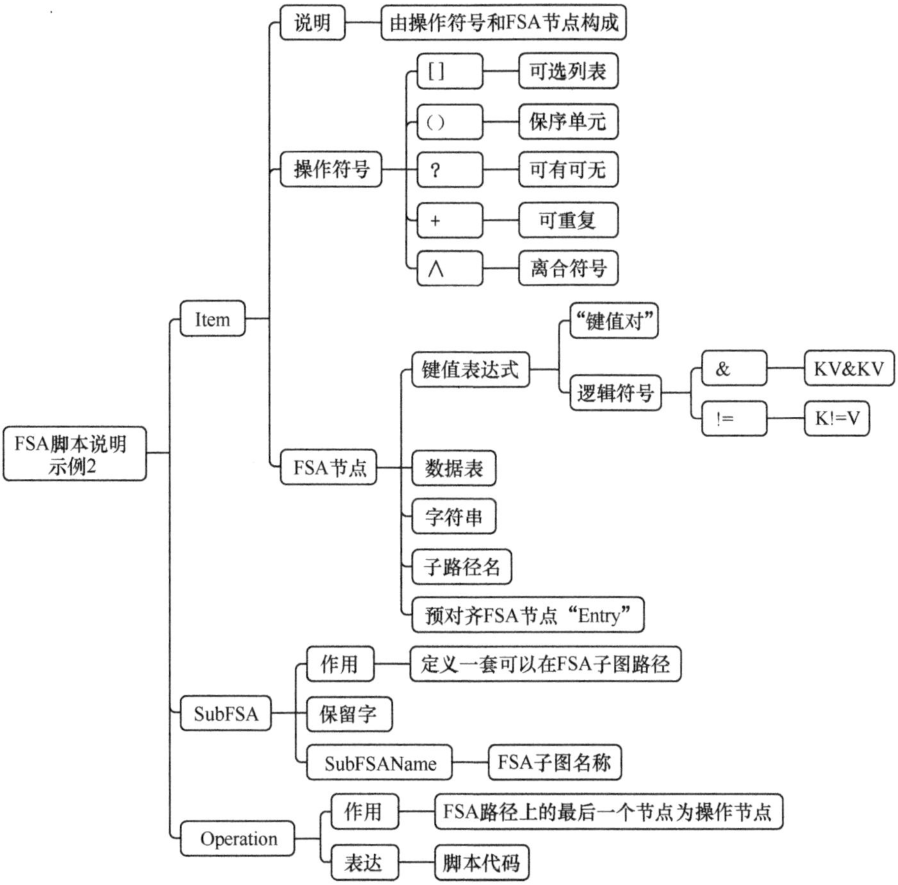

图 5-23　FSA 脚本说明示例 2

GPF 生成 FSA 索引命令如下。

```
gpf -fsa fsa-file idx-path
```

上述 FSA 索引命令的具体说明如下。

其中，fsa-file 为有限状态自动机文件名，一个文件可以包含一个或多个有限状态自动机脚本。

idx-path 为索引数据存放的路径。

GPF 支持多个 FSA 文件，即支持多套索引数据。

需要说明的是，文本数据生成索引数据可以离线进行。数据表在使用时，需要通过配置文件告诉 GPF 的索引数据的路径信息，示例如下。

```
{"Type":"FSA","Path":path1}
{"Type":"FSA","Path":path2}
{"Type":"FSA","Path":path3}
```

FSA 文件包含一个或多个 FSA 脚本，每个 FSA 脚本被独立编译为有限状态自动机，即不同 FSA 脚本是相互独立的。

FSA 脚本主要包含一系列的 <Context，Operation> 二元组，不同二元组之间是独立的，即在 FSA 脚本中，二元组的语义分析与所在位置没有关系。Context 表述了上下文，Operation 为满足上下文时执行的操作。这里的上下文匹配和执行的操作是在网格中完成的，是网格计算的重要部分。

FSA 脚本中以“#”开始的行是参数配置，通过参数配置，控制有限状态自动机中的节点和边的解释，以实现在网格中不同的匹配操作。

5.4.2 FSA 相关的 API 函数

FSA 相关的 API 函数示例 1 如图 5-24 所示，FSA 相关的 API 函数示例 2 如图 5-25 所示。

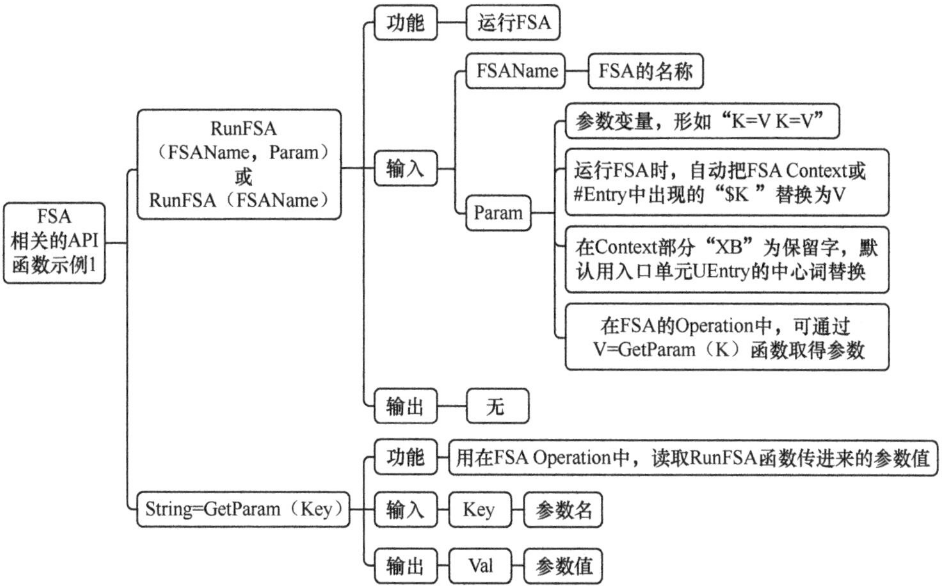

图 5-24　FSA 相关的 API 函数示例 1

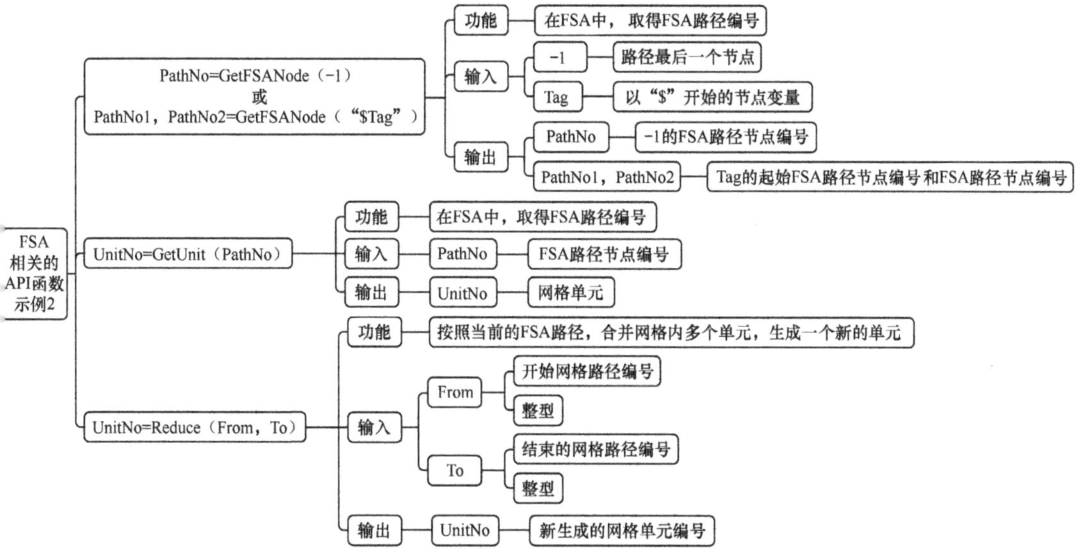

图 5-25　FSA 相关的 API 函数示例 2

5.4.3　FSA 在意合图分析中的作用

FSA 可以通过搜集论元的特征，进而辅助确定事件词论元，论元的特征具体包括以下 7 种类型。

1. 语序特征

语序特征描述的是事件词和候选论元语序位置的前后关系。例如，主体论元通常在事件词的前面出现。

2. 距离特征

距离特征描述的是事件词和候选论元中间间隔的词的数量。一般来说，候选论元和事件词的距离越短，论元关系的置信度越高。

3. 句法特征

句法特征描述的是候选论元在组块依存图上所处组块的句法功能和位置信息。例如，主体往往处于组块依存图上的主语中心语位置等。

4. 框式结构

框式结构即事件论元的形式标记，一般分为左框和右框。其中，左框通常为介词或者谓词；右框为抽象名词。意合图通过框式词作为引导词，引导出典型的事件论元。

5. 二元搭配

二元搭配充当事件词的某种论元角色的典型词语或语义类型。语义类型通常借助本体语义体系进行表示。

6. 三元搭配

三元搭配即事件词与事件词的两个论元角色构成的搭配。其中，两个论元角色之间具有相互制约、相互依存的关系。例如，打击，其主体可以是人，也可以是组织机构，当其客体为行为活动时，主体往往更倾向于组织机构，其代码一般表示为{<Org>，打击，<Action>}。

7. 事理共享

两个事件词在语义上具有相关性，当在句子中共现时，共享相同的论元。例如，连谓结构中的两个事件词一般共享主体论元。

5.4.4 FSA 应用示例 1

1. 任务说明

本示例说明的是利用术语的定义模式识别术语。在科技文献中，一个新术语的出现，往往伴随一个与术语相关的定义，中文术语定义的表述通常采用固定的模式，具体示例如下。

- 所谓……就是……
- ……就是……
- ……指的是……

本示例采用 FSA 描述术语的定义模式，进而识别术语。

2. 主控代码

主控代码示例如下。

代码 5-11

```
local function ExtractTerm(Line)
    SetText(Line)
    Segment("Segment_Term")
    RunFSA("Term")
end

local function Exam(Sent)
    ExtractTerm(Line)
    Units=GetUnits("Tag=Term")
    for i=1,#Units do
        print(GetText(Units[i]))
    end
end

Sent="称一种无线通信技术为蓝牙"
Exam(Sent)
```

3. FSA

FSA 代码示例如下。

FSA 5-1

```
FSA Term
#Include TermInfo
#Param Nearby=Yes Order=Yes MaxLen=Yes
#Entry Entry-所谓=[Word=所谓]
#Entry Entry-定义=[Word=定义]
#Entry Entry-称=[Word=称]

Entry-所谓 +Char=HZ 就是
{
    UnitNo1=GetUnit(0)
```

```
    UnitNo2=GetUnit(-1)
    NewTerm(UnitNo1,UnitNo2)
}

+Char=HZ Char=HZ:$T ?的 Entry-定义 [是 为 : ]
{
    UnitNo1=GetUnit(0)
    UnitNo2=GetUnit("$T")
    From1=GetUnitKV(UnitNo1,"From")
    To2=GetUnitKV(UnitNo2,"To")
    String=GetText(From1,To2)
    UnitNo=AddUnit(To2,String)
    AddUnitKV(UnitNo,"Tag","Term")
}

Entry-称 ^为:$T +Char=HZ
{
    UnitNo1=GetUnit("$T")
    UnitNo2=GetUnit(-1)
    To1=GetUnitKV(UnitNo1,"To")
    To2=GetUnitKV(UnitNo2,"To")
    String=GetText(To1+1,To2)
    UnitNo=AddUnit(To2,String)
    AddUnitKV(UnitNo,"Tag","Term")
}

FuncLib TermInfo
function NewTerm(UnitNo1,UnitNo2)
    To1=GetUnitKV(UnitNo1,"To")
    From2=GetUnitKV(UnitNo2,"From")
    String=GetText(To1+1,From2-1)
    UnitNo=AddUnit(From2-1,String)
    AddUnitKV(UnitNo,"Tag","Term")
end
```

4. 数据表

数据表示例如下。

数据表 5-18

```
Table SegmentTerm
所谓
定义
称
```

5. 运行结果

```
1 蓝牙
```

6. 解释说明

代码 5-11 的具体说明如下。

该代码的主函数为第 7 ～ 13 行的 Exam。

第 8 行，调用自定义函数 ExtractTerm，完成本示例的主要功能，与代码 5-11 中的第 1 ～ 5 行相对应。

第 2 行，通过 API 函数 SetText 将待分析文本导入网格中，完成网格的初始化。

第 3 行，通过 API 函数 Segment 调用数据表“Segment_Term”，识别网格中出现在数据表中的字串，如果存在，则添加新的网格单元，作为与 FSA 节点预对齐的网格单元。

第 4 行，运行有限状态自动机“Term”。

第 9 ～ 12 行，通过 API 函数 GetUnits 获取具有“Tag=Term”的网格单元，将结果存放在 Units 表中，遍历 Units 表并输出识别的术语。

FSA 5-1 的具体说明如下。

第 1 行，FSA 为保留字，声明当前有限状态自动机的名字为 Term。

第 2 ～ 6 行，FSA 的配置内容。其中，第 3 ～ 6 行，定义 3 个 FSA 预对齐节点“Entry- 所谓”“Entry- 定义”和“Entry- 称”。这 3 个 FSA 预对齐节点分别在下文的 Conext 中引用。

第 8 ～ 13 行、第 15 ～ 24 行、第 26 ～ 35 行分别对应 3 个术语定义模板，每个术语定义模板均对应一个 Cotext 及其相应的 Operation。每个 Operation 将识别出来的术语添加到网格中，生成新的网格单元，并为其添加“Tag=Term”的属性。

第 18 行、第 28 行，获取 FSA 路径节点的编号，通过编号取得对应的网格单元。

数据表 5-18 的具体说明如下。

第 1 行，声明数据表的名字为 SegmentTerm。

第 3 ～ 4 行，列出数据表的数据项，即术语定义模板中的引导词。

运行结果的具体说明如下。

输出符合术语定义模式“称……为”的术语“结果”，与 FSA 5-1 中的第 26 行的 Context 相对应。

5.4.5 FSA 应用示例 2

1. 任务说明

本示例说明的是利用时间短语出现的模式识别时间短语。在汉语中，时间短语出现的模式有一定的规律性，因此，可以利用 FSA 描述时间短语出现的模式，进而识别时间短语。

2. 主控代码

主控代码示例如下。

代码 5-12

```
local function ExtractTime(Line)
    SetText(Line)
    Segment("Time_Entry")
    RunFSA("Time")
end

local function Demo()
    Line="星期日下午我去图书馆"
    ExtractTime(Line)
    Units=GetUnits("Tag=Time")
    for i=1,#Units do
        print(GetText(Units[i]))
    end
    print(Ret)
end

Demo()
```

3. FSA

FSA 示例代码如下。

FSA 5-2

```
FSA Time
#Include Code
#Param Nearby=Yes Candidate=No Order=Yes
#Entry Entry-Second=[Tag=Second]
```

```
#Entry Entry-Minute=[Tag=Minute]
#Entry Entry-MidDay=[Tag=MidDay]
#Entry Entry-Day=[Tag=Day]
#Entry Entry-Month=[Tag=Month]
#Entry Entry-Yes=[Tag=Yes]

[
(?Year Month Day ?Time_MidDay Minute +Num10 Entry-Second)
(?Month Day ?Time_MidDay Minute +Num10 Entry-Second)
(?Day ?Time_MidDay Minute +Num10 Entry-Second)
(?Minute +Num10 Entry=Second)
(?Year Month Day ?Time_MidDay +Time_Num10 Entry-Minute)
(?Month Day ?Time_MidDay +Time_Num10 Entry-Minute)
(?Day ?Time_MidDay +Time_Num10 Entry-Minute)
(+Time_Num10 Entry-Minute)
(?Year Month Day Entry-MidDay)
(?Month Day Entry-MidDay)
(?Day Entry-MidDay)
(Entry-MidDay)
(?Year Month Time_Num31 Entry-Day)
(?Month Time_Num31 Entry-Day)
(?Year +Time_Num10 Entry-Month)
(+Time_Num10 Entry-Year)
]
{
    Merge()
}

sub Minute
(
    (+Time_Num10 分)
)

sub Month
(
    (Time_Num12 月)
)

sub Day
(
[
(Time_Num31 日)
([星期 周] [日 天])
([星期 周] Time_Num6)
```

```
]
)

sub Year
(
    ?[公元 公元前]    +Time_Num10 年
)

FuncLib Code
function Merge()
    Node=Reduce(0,-1)
    AddUnitKV(Node,"Tag","Time")
end
```

4. 数据表

数据表示例如下。

数据表 5-19

```
Table Time_Entry
年 Year
月 Month
日 Day
号 Day
分 Minute
秒 Second
上午 MidDay
下午 MidDay
中午 MidDay
午后 MidDay
清晨 MidDay
傍晚 MidDay
晚 MidDay
深夜 MidDay
半夜 MidDay
后半夜 MidDay

Table Time_Num
一
二
三
四
五
六
```

```
26  七
27  八
28  九
29  1
30  2
31  3
32  4
33  5
34  6
35  7
36  8
37  9
38  0
39
40  Table Time_MidDay
41  上午
42  下午
43  中午
44  午后
45  清晨
46  傍晚
47  晚
48  深夜
49  半夜
50  后半夜
```

5. 运行结果

```
星期日下午
```

6. 解释说明

代码 5-12 的具体说明如下。

该代码的主函数为第 7 ～ 15 行的 Demo(小样)。

第 9 行，调用自定义函数 ExtractTime，完成本示例的主要功能，与代码 5-12 中的第 1 ～ 5 行相对应。

第 2 行，通过 API 函数 SetText 将待分析文本导入网格中，完成网格的初始化。

第 3 行，通过 API 函数 Segment 调用数据表 Time_Entry，识别网格中出现的数据表中的字串，如果存在，则添加新的网格单元，作为与 FSA 节点预对齐的网格单元。

第 4 行，运行有限状态自动机 Time。

第 9 ～ 14 行，通过 API 函数 GetUnits 获取具有 “Tag=Time” 的网格单元，将结果存放在 Units 表中，遍历 Units 表并输出识别的时间短语。

FSA 5-2 的具体说明如下。

第 1 行，声明有限状态自动机（FSA）的名字为 “Time”。

第 2 ～ 9 行，FSA 的配置内容，其中，第 4 ～ 9 行定义了 6 个 FSA 预对齐节点 “Entry-Second” “Entry-Minute” “Entry-MidDay” “Entry-Day” “Entry-Month” 和 “Entry-Yes”。这 6 个 FSA 预对齐节点分别在下文的 Context 中引用。

第 11 ～ 28 行，描述时间短语出现的 Context，其中，第 12 ～ 27 行为多个模式并列出现，待分析文本符合其一，即可进行下一步的 Operation。另外，在 Context 的描述中，还利用了子规则 Minute(分)、Month(月)、Day(天) 与 Year(年)，分别与 FSA 5-2 的第 33 ～ 36 行、第 38 ～ 41 行、第 43 ～ 50 行与第 52 ～ 55 行相对应。

第 30 行，为 Context 对应的 Operation，具体为调用函数库中的函数 Merge，与 FSA 5-2 中的第 58 ～ 61 行相对应，即如果符合 Context 描述的上下文，则对该 Context 进行合并操作，生成新的网格单元，并为其添加 “Tag=Time” 的属性。

数据表 5-19 的具体说明如下。

数据表 5-19 共包含 3 个数据表，分别是第 1 ～ 17 行的 Time_Entry、第 19 ～ 38 行的 Time_Num、第 40 ～ 50 行的 Time_MidDay。我们以第一个数据表 Time_Entry 为例进行具体说明。

第 1 行，声明数据表的名字为 Time_Entry。

第 2 ～ 17 行，表示的是数据表 Time_Entry 的数据项及其属性。在 FSA 的 Context 部分调用时，如果分析文本中出现了该部分列出的时间词，则添加的网格单元，作为预对齐网格单元，支持 FSA 在网格中的匹配。

运行结果的具体说明如下。

输出的结果是符合 FSA 5-2 第 22 行描述的时间短语出现的 Context “? Day Entry-MidDay” 的实例 “星期日下午”。

5.5　GPF 数据接口

GPF 是基于符号计算的可编程框架，可以调用一个或多个第三方服务，为意合图语义分析提供词汇语义信息、语法结构信息、韵律结构信息、领域知识信息等。根据具体问题的需要，第三方服务可以采用深度学习、机器学习等参数计算方法，也可以采用 GPF 构建的符号计算为其提供服务。在意合图分析时，GPF 利用这些多源多类型的信息，生成支持决策的特征，最后完成分析任务。

GPF 外调第三方服务是通过统一数据接口实现的，具体包括数据接口 API 函数和数据接口格式两个部分。

5.5.1　数据接口 API 函数

GPF 数据接口函数主要有两个：一个是调用第三方服务的 CallService 函数；另一个是将结果导入网格的 AddStructure 函数，数据接口 API 函数示例 1 如图 5-26 所示，数据接口 API 函数示例 2 如图 5-27 所示。

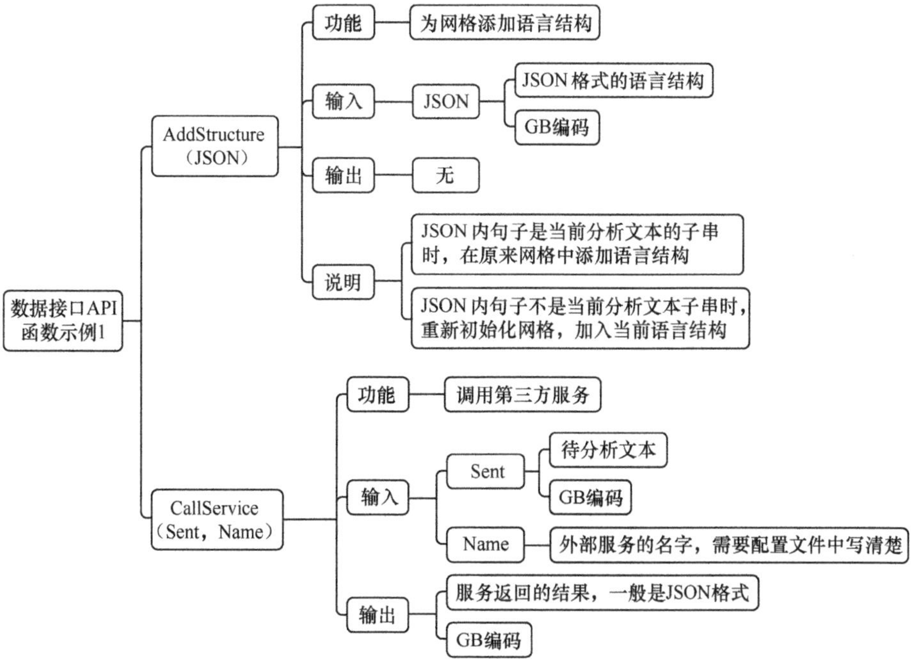

图 5-26　数据接口 API 函数示例 1

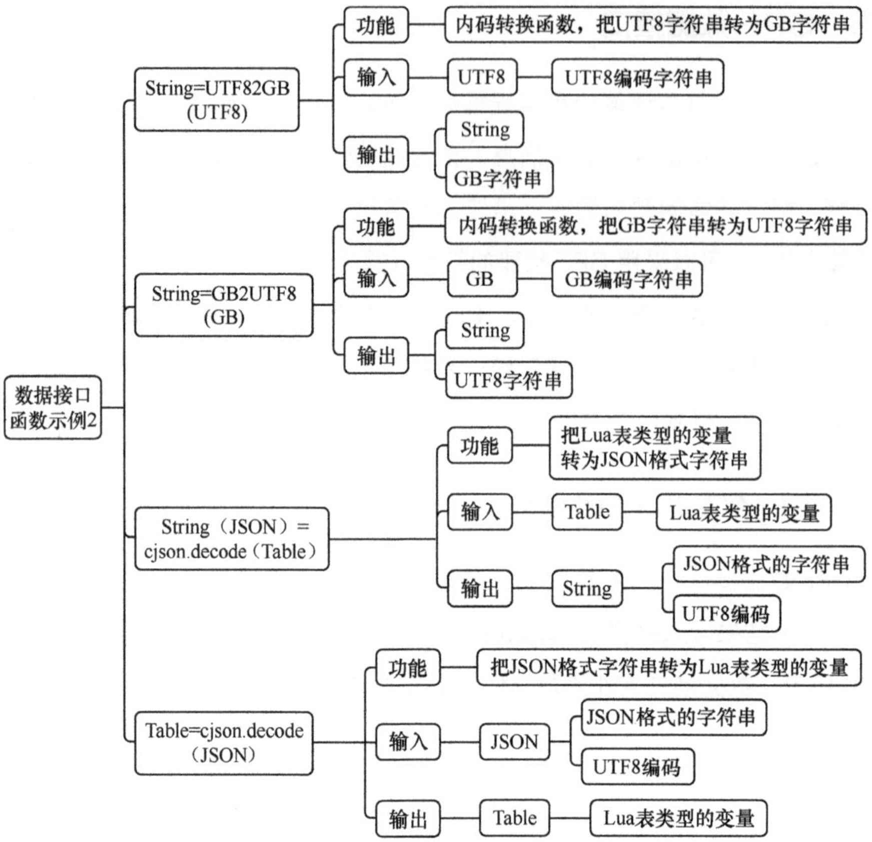

图 5-27　数据接口 API 函数示例 2

5.5.2　数据接口格式

GPF 为方便与第三方服务进行数据交换，定义了标准数据接口格式。标准数据接口格式如图 5-28 所示，数据接口 JSON 数据格式说明 1 如图 5-29 所示，数据接口 JSON 数据格式说明 2 如图 5-30 所示。符合该格式的数据，可以由 API 函数 AddStructure 直接添加到网格中。其中，“Units”对应的内容被添加到网格中，形成网格单元。对应“HeadID”的网格单元被添加到网格“URoot”型的属性中，作为主网格单元，“Group”内给出从网格单元，以及主从网格单元之间的关系“Role”。

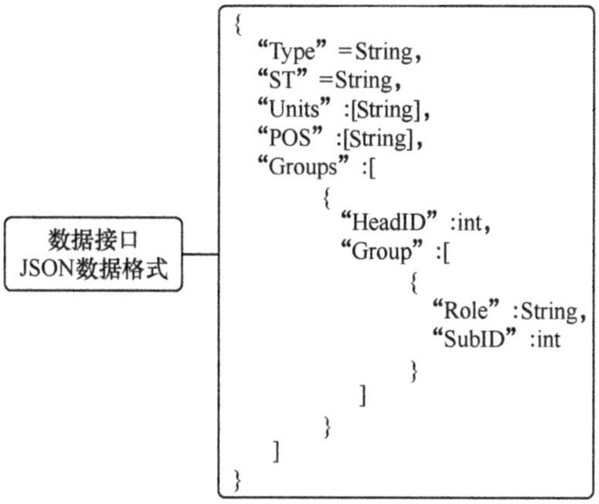

图 5-28 标准数据接口格式

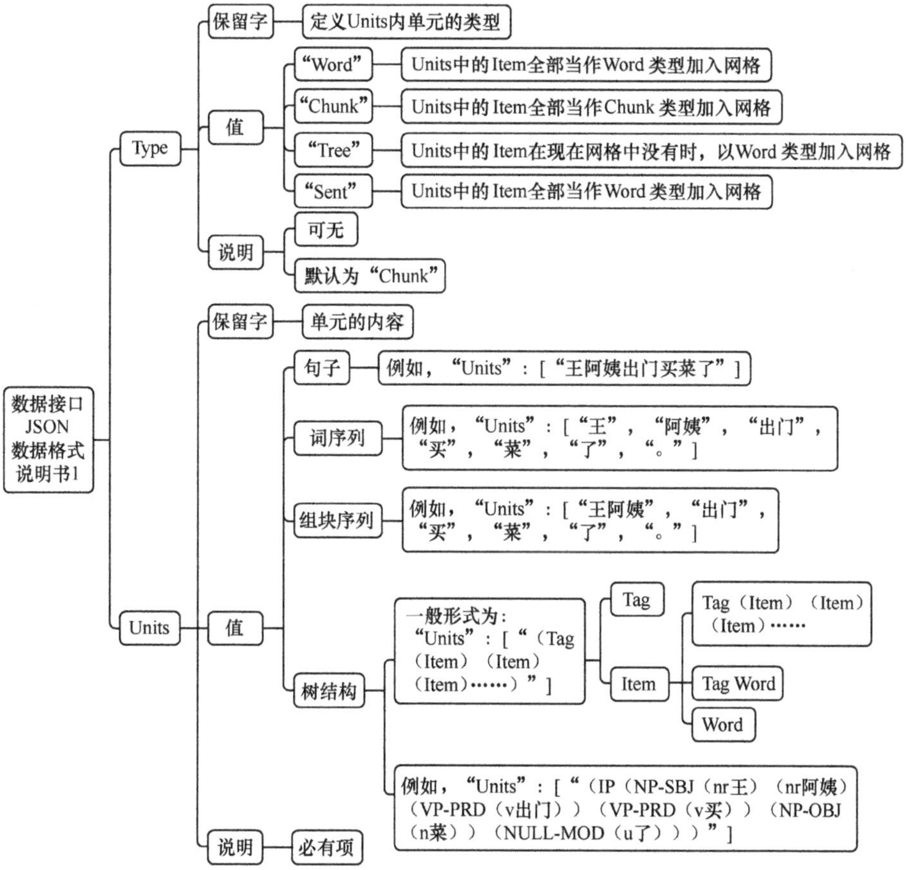

图 5-29 数据接口 JSON 数据格式说明 1

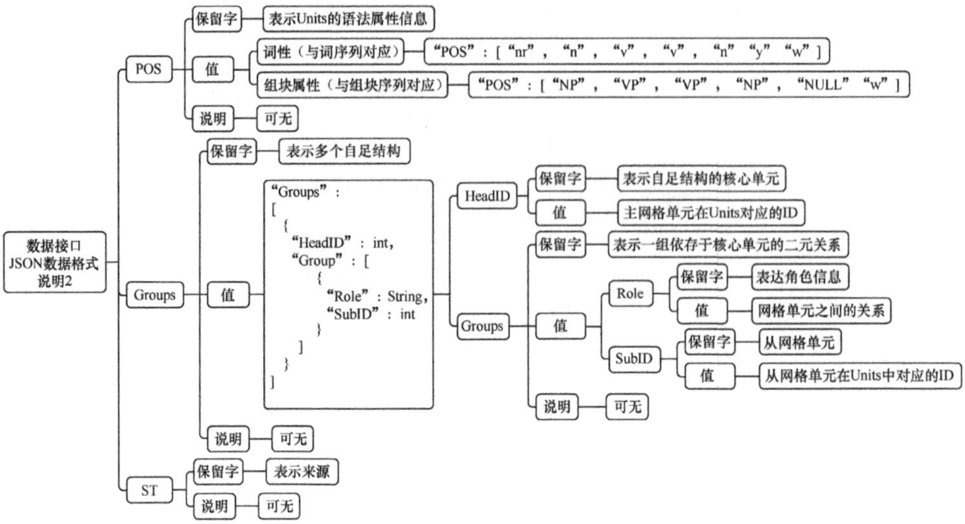

图 5-30 数据接口 JSON 数据格式说明 2

5.5.3 第三方服务配置

GPF 调用第三方服务需要在配置文件中给出第三方服务的网络地址，并为每个服务设置唯一的名称。GPF 在编程时，通过名称调取第三方服务。第三方服务配置格式如图 5-31 所示，示例配置 5-1 如下。

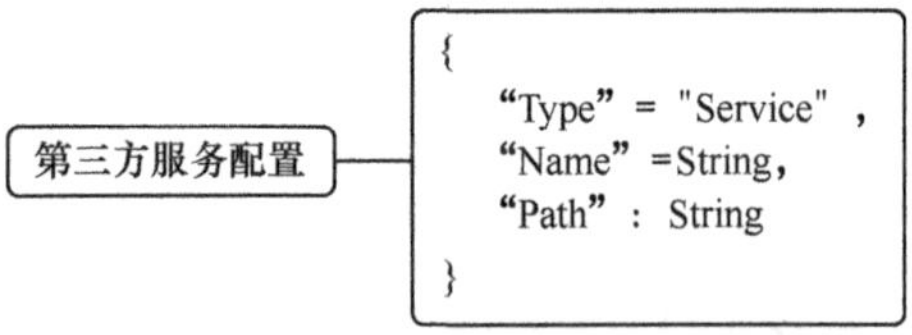

图 5-31 第三方服务配置格式

配置 5-1

```
{"Type":"Service","Name":"seg","Path":"nlp.blcu.edu.cn/seg/"}
{"Type":"Service","Name":"chunk","Path":"nlp.blcu.edu.cn/chunk/"}
```

5.5.4 意合图分析中的第三方服务

GPF 提供了开放的框架，根据意合图分析的应用场景需要，提供本地计算和第三方服务的功能，并通过知识计算协调本地计算和第三方服务。我们为意合图分析构建了以下第三方服务，在分析不同意合图子任务时，根据具体需求选择不同的第三方服务。第三方服务示例如下。

1. 分词、组块和组块结构树服务示例

分词、组块和组块结构树服务示例代码如下。

代码 5-13

```
local function Exam(Line)
    SetText(Line)

    Ret=CallService(GetText(),"chunk")
    AddStructure(Ret)
    print(Ret)

    Ret=CallService(GetText(),"seg")
    AddStructure(Ret)
    print(Ret)

    Ret=CallService(GetText(),"stree")
    AddStructure(Ret)
    print(Ret)

end

Line="瑞士球员费罗率先破门，沙奇里梅开二度。"
Exam(Line)
```

代码 5-13 的运行结果如下。

```
{"Type": "Chunk", "Units": ["瑞士球员费罗", "率先", "破门", "，",
"沙奇里", "梅开二度", "。"], "POS": ["NP", "NULL", "VP", "w",
"NP","VP", "w"],"ST":"Chunk"}
{"Type":"Word","Units":["瑞士","球员","费罗","率先","破门","，","沙
奇里","梅开二度","。"],"POS":["ns","n","nr","d","v","w","nr","i","w"],
"ST":"seg"}
{"Type": "Tree", "Units": ["(ROOT(IP(NP-SBJ(ns 瑞士)(n 球员)(nrt
费罗))(VP-PRD(NULL-MOD(d 率先))(VP-PRD(v 破门)))(w(x ，)))
(IP(NP-SBJ(nr 沙奇里))(VP-PRD(nr 梅开二度))(w(x 。))))"],"ST":
"stree"}
```

2. 组块依存结构分析服务示例

组块依存结构分析服务示例代码如下。

代码 5-14

```
require("module")

```

```
local function Exam1 ( Line )
    SetText ( Line )
    Ret=CallService ( GetText ( ) ,"dep" )
    AddStructure ( Ret )
    print ( Ret )
    module.DrawGraph ( "graph\\","dep" )
end

Line="俄克拉荷马雷霆主场迎战阿德莱德36人，雷霆首节便确立了19分的领先，最终以131-98大胜对手。"
Exam1 ( Line )
```

代码 5-14 的运行结果如下。


```
{"Type": "Chunk", "Units": ["俄克拉荷马雷霆", "主场", "迎战", "阿德莱德36人", "，", "雷霆", "首节", "便", "确立了", "19分的领先", "，", "最终", "以131-98", "大胜", "对手", "。"], "POS": ["NP", "NULL", "VP", "NP", "w", "NP", "NULL", "NULL", "VP", "NP", "w", "NULL", "NULL", "VP", "NP", "w"], "IP": [1, 1, 1, 1, 1, 2, 2, 2, 2, 2, 2, 3, 3, 3, 3, 3], "Groups": [{"HeadID": 2, "Group": [{"Role": "sbj", "SubID": 0}, {"Role": "mod", "SubID": 1}, {"Role": "obj", "SubID": 3}]}, {"HeadID": 8, "Group": [{"Role": "sbj", "SubID": 5}, {"Role": "mod", "SubID": 6}, {"Role": "mod", "SubID": 7}, {"Role": "obj", "SubID": 9}]}, {"HeadID": 13, "Group": [{"Role": "sbj", "SubID": 5}, {"Role": "mod", "SubID": 11}, {"Role": "mod", "SubID": 12}, {"Role": "obj", "SubID": 14}]}],"ST":"dep"}
```


组块依存结构示例如图 5-32 所示。

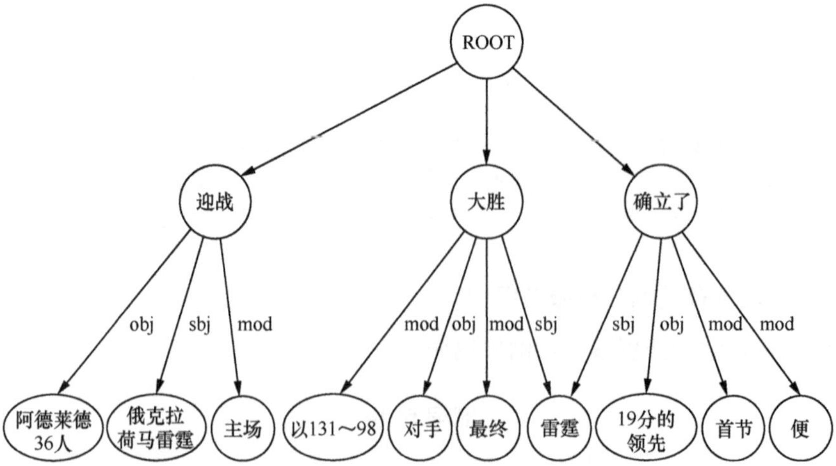

图 5-32　组块依存结构示例

3. 语义角色候选识别服务示例

语义角色候选识别服务示例代码如下。

代码 5-15

```
require ( "module" )

local function SimService ( Seg,Name )
    Info=cjson.decode ( GB2UTF8 ( Seg ) )
    Info["Num"]=2
    Info["ST"]=Name
    Info["Role"]="A0 A1"
    Info["Groups"]={}

    Word2ID={}
    for i=1,#Info["Units"] do
        Word2ID[Info["Units"][i]]=i-1;
    end

    No=1
    Units=GetUnits ( "URoot" )
    for i=1,#Units do
        HeadID=Word2ID[GB2UTF8 ( GetWord ( Units[i] ) ) ]
        if HeadID ~= nil then
            Info["Groups"][No]={}
            Info["Groups"][No]["HeadID"]=HeadID
            No=No+1
        end
    end
    Json = cjson.encode ( Info )
    return UTF82GB ( Json )
end


local function Exam ( Line )
    SetText ( Line )

    Ret=CallService ( GetText ( ) ,"dep" )
    AddStructure ( Ret )

    Ret=CallService ( GetText ( ) ,"seg" )
    AddStructure ( Ret )

    SimJson=SimService ( Ret,"sim" )
```

```
    EventArg=CallService(SimJson,"sim")
    AddStructure(EventArg)

    module.DrawGraph("graph\\","sim")
end


Line="瑞士球员费罗率先破门，沙奇里梅开二度。"
Exam(Line)
```

语义角色候选识别如图 5-33 所示。

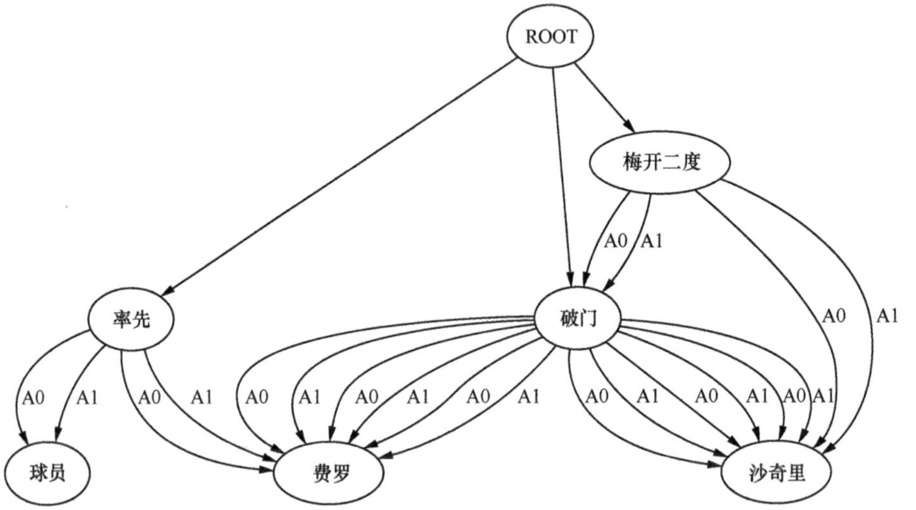

图 5-33　语义角色候选识别

4. 韵律二叉树分析服务示例

韵律二叉树分析服务示例代码如下。

代码 5-16

```
require("module")

local function Exam(Text)
   SetText(Text)
   Struct={}
   Struct["Text"]=GB2UTF8(Text)
   Struct["FSA"]="demo1"
   Json1 = cjson.encode(Struct)
   Out=CallService(UTF82GB(Json1),"rtree")
```

```
    AddStructure(Out)
    module.DrawTree("graph\\","rtree")
end

Line="瑞士球员费罗率先破门沙奇里梅开二度。"
Exam(Line)
```

数据接口格式说明示例 1 如图 5-34 所示。

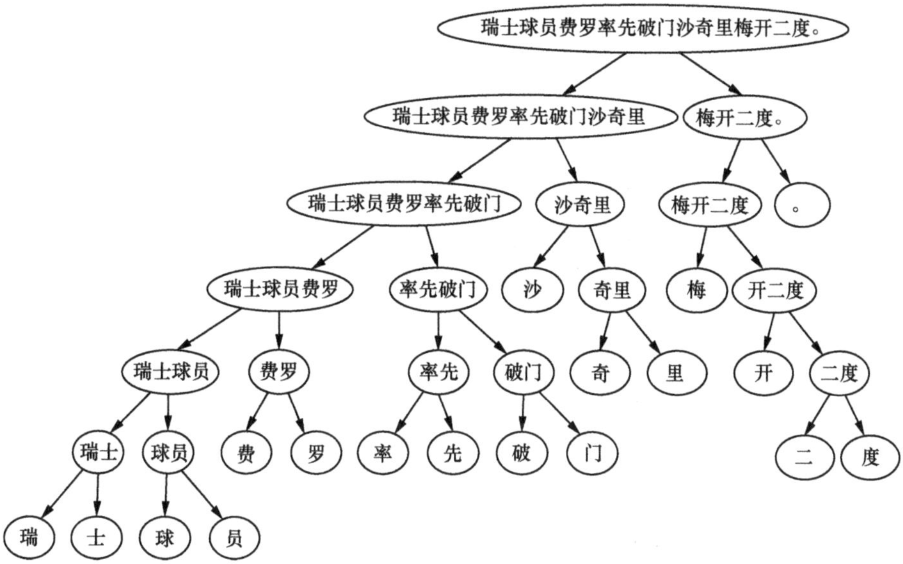

图 5-34　数据接口格式说明示例 1

5. BCC 知识获取服务示例

BCC 知识获取服务示例代码如下。

代码 5-17

```
local function BCC(Inp)
    Struct={}
    Struct["Func"]="Query"
    Struct["Query"]=Inp
    Struct["Value"]={}
    table.insert(Struct["Value"],"")
    Struct["PageNum"]=30
    Struct["PageNo"]=0

    Json = cjson.encode(Struct)
    print(Json)
```

```
    Out=CallService(UTF82GB(Json),"bccs")
    print(Out)
  end


  Line="写 (n) w{len($1)=2}Freq"
  BCC(Line)
```

数据接口示例如下。


```
{
"type":"Freq",
"total":58,
"pagenum":30,
"pageno":0,
"res":[
"作业 355",
"作文 58",
"日记 33",
"文章 11",
"错字 8",
"名字 5",
"词语 4",
"功课 4",
"春联 4",
"书法 4",
"小说 4",
"板书 3",
"剧本 3",
"情书 2",
"故事 2",
"姓名 2",
"自传 2",
"规则 2",
"大字 2",
"地点 2",
"新闻 2",
"文字 1",
"波纹 1",
"借条 1",
"余数 1",
"题目 1",
"笔画 1",
```

```
"功能 1",
"试卷 1",
"数字 1"
]
,"ST":"bccs"}
```

第三方服务的配置示例如下。

配置 5-2

```
1 {"Type":"Service","Name":"seg","Path":"nlp.blcu.edu.cn/seg/"}
2 {"Type":"Service","Name":"chunk","Path":"nlp.blcu.edu.cn/chunk/"}
3 {"Type":"Service","Name":"stree","Path":"nlp.blcu.edu.cn/stree/"}
4 {"Type":"Service","Name":"rtree","Path":"nlp.blcu.edu.cn/rtree/"}
5 {"Type":"Service","Name":"dep","Path":"nlp.blcu.edu.cn/dep/"}
6 {"Type":"Service","Name":"sim","Path":"nlp.blcu.edu.cn/sim"}
7 {"Type":"Service","Name":"BCC","Path":"nlp.blcu.edu.cn/BCC/"}
```

配置 5-2 的具体说明如下。

第 1 行，分词和词性标注第三方服务。

第 2 行，组块识别第三方服务。

第 3 行，组块结构树第三方服务。

第 4 行，韵律二叉树第三方服务。

第 5 行，组块依存结构分析第三方服务。

第 6 行，语义角色候选识别第三方服务。

第 7 行，BCC 知识获取第三方服务。

5.5.5 数据接口编程示例 1

1. 任务说明

本小节以具体实例说明 GPF 中 JSON 数据接口的标准形式：一是带有组块依存信息的语言结构数据；二是带有分词词性信息的语言结构数据。这两种 JSON 格式的数据均可通过 API 函数 AddStructure 导入网格中。

2. 主控代码

主控代码示例如下。

代码 5-18

```
require ( "module" )

local function Exam ( )
    Line=[[
    {
    "Type": "Chunk",
    "Units": [
    "瑞士球员塞费罗维奇", "率先", "破门", "，", "沙奇里", "梅开二度", "。"
    ],
    "POS": [
        "NP", "VP", "VP", "w", "NP", "VP", "w"
    ],
    "Groups": [
        {"HeadID": 1, "Group": [{"Role": "sbj", "SubID": 0}]},
        {"HeadID": 2, "Group": [{"Role": "sbj", "SubID": 0}]},
        {"HeadID": 5, "Group": [{"Role": "sbj", "SubID": 4}]}
    ],
    "ST":"dep"
    }
    ]]

    AddStructure ( Line )

    Line=[[
    {
    "Type":"Word",
    "Units":[
    "瑞士","球员","塞费罗维奇","率先","破门","，","沙奇里","梅开二度","。"
    ],
    "POS":[
        "ns","n","nr","d","v","w","nr","i","w"
    ],
    "ST":"segment"
    }
    ]]
    AddStructure ( Line )

    module.PrintUnit ( "Type=Word|Type=Chunk" )
    module.DrawGraph ( "Graph\\","dep" )
 end

 Exam ( )
```

3. 运行结果

代码 5-18 的运行结果如下。

```
=>     瑞士
POS    =    ns
HeadWord    =    瑞士
To     =    1
UThis  =    (1,2)
Word   =    瑞士
Type   =    Word
UChunk      =    (8,2)
From   =    0
ClauseID    =    0
ChunkID     =    0
ST     =    segment
GroupID     =    1 2
=>     球员
POS    =    n
HeadWord    =    球员
To     =    3
UThis  =    (3,2)
Word   =    球员
Type   =    Word
UChunk      =    (8,2)
From   =    2
ClauseID    =    0
ChunkID     =    0
ST     =    segment
GroupID     =    1 2
=>     瑞士球员塞费罗维奇
POS    =    NP
RHead  =    sbj
(10,2)      =    sbj
To     =    8
UThis  =    (8,2)
UHeaddep-sbj   =    (10,2)  (12,2)
UChunk      =    (8,2)
UHead  =    (10,2)  (12,2)
ChunkID     =    0
GroupID     =    1 2
UHeaddep    =    (10,2)  (12,2)
HeadWord    =    瑞士球员塞费罗维奇
```

```
From  =  0
(12,2)   =  sbj
Type  =  Chunk
Word  =  瑞士球员塞费罗维奇
RHeaddep  =  sbj
ClauseID  =  0
ST    =  dep
UHead-sbj =  (10,2) (12,2)
=>    塞费罗维奇
POS   =  nr
HeadWord  =  塞费罗维奇
To    =  8
UThis =  (8,3)
Word  =  塞费罗维奇
Type  =  Word
UChunk   =  (8,2)
From  =  4
ClauseID  =  0
ChunkID   =  0
ST    =  segment
GroupID   =  1 2
=>    率先
POS   =  VP d
USubdep   =  (8,2)
To    =  10
UThis =  (10,2)
RSubdep   =  sbj
UChunk    =  (10,2)
ClauseID  =  0
USub  =  (8,2)
RSub  =  sbj
GroupID   =  1
HeadWord  =  率先
From  =  9
Type  =  Chunk Word
Word  =  率先
ChunkID   =  1
USub-sbj  =  (8,2)
ST    =  dep segment
USubdep-sbj  =  (8,2)
=>    破门
POS   =  VP v
USubdep   =  (8,2)
```

```
To     =   12
UThis =    (12,2)
RSubdep    =    sbj
UChunk     =    (12,2)
ClauseID   =    0
USub   =    (8,2)
RSub   =   sbj
GroupID    =    2
HeadWord   =    破门
From   =   11
Type   =   Chunk Word
Word   =   破门
ChunkID    =    2
USub-sbj   =    (8,2)
ST     =   dep segment
USubdep-sbj    =    (8,2)
=>     ,
POS    =   w
HeadWord   =    ,
To     =   13
UThis =    (13,1)
Char   =   Punc
Type   =   Char Chunk Word
UChunk     =    (13,1)
Word   =   ,
ClauseID   =    0
ChunkID    =    3
ST     =   dep segment
From   =   13
=>     沙奇里
POS    =   NP nr
(20,2)     =    sbj
To     =   16
UThis =    (16,2)
UHeaddep-sbj   =    (20,2)
UChunk     =    (16,2)
UHead =    (20,2)
ChunkID    =    4
GroupID    =    3
UHeaddep   =    (20,2)
HeadWord   =    沙奇里
From   =   14
Type   =   Chunk Word
```

```
Word   =   沙奇里
RHead =   sbj
ClauseID  =   1
RHeaddep  =   sbj
ST     =   dep segment
UHead-sbj =   (20,2)
=>     梅开二度
POS    =   VP i
USubdep   =   (16,2)
To     =   20
UThis =   (20,2)
RSubdep   =   sbj
UChunk    =   (20,2)
ClauseID  =   1
USub  =   (16,2)
RSub  =   sbj
GroupID   =   3
HeadWord  =   梅开二度
From  =   17
Type  =   Chunk Word
Word  =   梅开二度
ChunkID   =   5
USub-sbj  =   (16,2)
ST    =   dep segment
USubdep-sbj   =   (16,2)
=>    。
POS   =   w
HeadWord  =   。
To    =   21
UThis =   (21,1)
Char  =   Punc
Type  =   Char Chunk Word
UChunk    =   (21,1)
Word  =   。
ClauseID  =   1
ChunkID   =   6
ST    =   dep segment
From  =   21
```

代码 5-18 输出结构示意如图 5-35 所示。

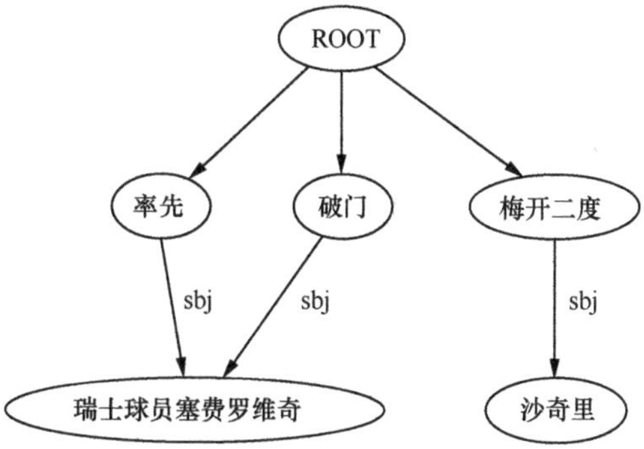

图 5-35　代码 5-18 输出结构示意

4. 解释说明

代码 5-18 的具体说明如下。

第 4 ～ 20 行，带有组块依存信息的语言结构数据的 JSON 形式，Units 表示组块单元对应的字符串序列，POS 表示组块的属性信息，Groups 表示组块依存关系。

第 22 行，通过 API 函数 AddStructure 将其导入网格中。

第 24 ～ 35 行，带有分词词性信息的语言结构数据的形式，Units 表示分词单元对应的字符串序列，POS 表示分词单元对应的词性信息。

第 36 行，通过 API 函数 AddStructure 将其导入网格中。

第 38 行，输出网格中的词单元和组块单元。

第 39 行，画出组块依存结构图。

5.5.6　数据接口编程示例 2

1. 任务说明

第三方服务输出的数据不符合 GPF 定义的 JSON 标准数据接口格式时，可以通过代码解析的方式将其导入网格中。

2. 主控代码

主控代码示例如下。

代码 5-19

```
require("module")
```

```
local function Exam()
   Line=[[
   {"Words": ["瑞士", "率先", "破门", ", ", "沙奇里", "梅开二度", "。"],
    "Tags": ["ns", "d", "v", "w", "nr", "i", "w"],
    "Relations": [{"U1": 3, "U2":1,"R":"A0","KV":"KV1"},
     {"U1": 3, "U2":2,"R":"Mod","KV":"KV2"},
     {"U1": 6, "U2":5,"R":"A0","KV":"KV3"}]}
   ]]
   Info=cjson.decode(GB2UTF8(Line))
   Sentence=table.concat(Info["Words"],"")
   SetText(UTF82GB(Sentence))
   print(GetText())
   Col=0
   Units={}
   for i=1,#Info["Words"] do
      Col=Col+string.len(UTF82GB(Info["Words"][i]))/2
      Unit=AddUnit(Col-1,UTF82GB(Info["Words"][i]))
      AddUnitKV(Unit,"POS",Info["Tags"][i])
      table.insert(Units,Unit)
   end

   for i=1,#Info["Relations"] do
      U1=Units[Info["Relations"][i]["U1"]]
      U2=Units[Info["Relations"][i]["U2"]]
      R=Info["Relations"][i]["R"]
      KV=Info["Relations"][i]["KV"]
      AddRelation(U1,U2,R)
      AddRelationKV(U1,U2,R,"KV",KV)
   end

   module.PrintUnit("USub=*")
   module.DrawGraph("Graph\\","")
end

Exam()
```

3. 运行结果

代码 5-19 的运行结果如下。

```
瑞士率先破门，沙奇里梅开二度。
=> 破门
UChunk =
```

```
4    To =   5
5    Word     =   破门
6    USub-Mod     =     ( 3,2 )
7    HeadWord     =    破门
8    ClauseID     =    0
9    Type     =   Word
10   RSubDyn      =    A0 Mod
11   UThis    =    ( 5,2 )
12   USub-A0      =     ( 1,2 )
13   RSub     =   A0 Mod
14   USub     =    ( 1,2 )  ( 3,2 )
15   From     =   4
16   POS      =   v
17   USubDyn-A0 =     ( 1,2 )
18   USubDyn-Mod      =     ( 3,2 )
19   USubDyn      =     ( 1,2 )  ( 3,2 )
20   => 梅开二度
21   Type     =   Word
22   RSubDyn      =    A0
23   To =   13
24   USub-A0      =     ( 9,2 )
25   UChunk =
26   UThis    =    ( 13,2 )
27   Word     =   梅开二度
28   USubDyn      =     ( 9,2 )
29   USub     =    ( 9,2 )
30   HeadWord     =    梅开二度
31   ClauseID     =    1
32   POS      =   i
33   USubDyn-A0 =     ( 9,2 )
34   From     =   10
35   RSub     =   A0
```

4. 解释说明

代码 5-19 的具体说明如下。

第 4 ～ 10 行，定义了非 GPF 标准数据接口格式的数据。

第 11 行，调用 GPF 函数 cjson.decode，把 JSON 数据转为 Lua 表结构的变量。由于该函数接收的数据为 UTF8 编码格式，而代码 5-19 文件为 GB 编码格式，所以该函数调用了 GPF 内码转换函数 GB2UTF8，将输入数据进行编码转换。

第12～13行，通过拼接Lua表变量中“Words”对应的值，获取待分析文本，并通过SetText初始化网格。

第17～22行，通过遍历Lua表变量中“Words”对应的值，将其作为网格单元添加到网格中。

第24～31行，在网格中添加网格单元之间关系。

第33～34行，输出主网格单元，画出网格蕴涵的依存图。

代码5-19输出结构示意如图5-36所示。

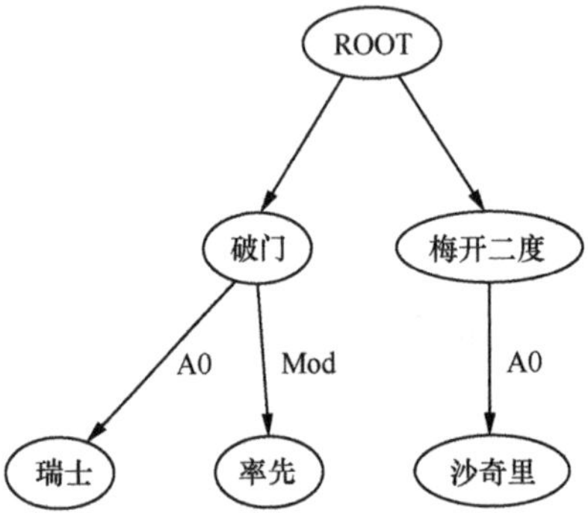

图5-36 代码5-19输出结构示意

第 6 章
意合语义分析实践

在意合语义分析中，输入分析文本，GPF 生成意合图是一个学理任务，在实际应用场景，往往不需要生成完整的意合图，而是生成意合图的一个子图，由子图或者借助子图就可以解决实际应用问题。生成意合图子图，也就是识别意合图某些语义层面，根据需要调用不同的语言知识。例如，实体识别任务不需要对输入进行复杂的语言结构分析，只须分词词性标注信息即可，用于提供语言单元的边界信息、单元类型信息等，需要的外部语言知识也比较简单，例如，实体表或术语表，以及实体或术语的别称等。情感信息分析时，只须对输入进行浅层的语言结构分析，在此基础上识别情感词，并借助情感信息的本体知识确定情感词表达的情感属性。事件的命题结构分析往往需要深层语言结构信息的指导，在意合语义分析中，以组块依存结构作为分析基础，为后续分析提供句法结构信息，同时需要借助外部的命题知识库，最终实现从结构到语义的转换。

意合图是以事件为中心的语义表征体系，事件结构分析在意合图语义分析中具有举足轻重的地位。因此，本章围绕事件结构，将具体介绍在 GPF 框架下进行词内事件结构识别、从组块依存结构变换为词依存结构、事件词识别、事件情态结构分析、事件论元结构分析等任务。

6.1 词内事件结构识别

6.1.1 任务分析

在自然语言分析中，一般情况下，分词是自然语言分析的前序工作，分词以后，以词语作为处理单位进行语言结构分析，而汉语存在字、词和短语边界模糊的问题，在我们的实际工作中，语言结构分析的目标是输出分析文本的事件结构。如果在分词基础上进行语义结构分析，则可能丢掉词内的事件结构。例如，对于动宾结构或者动补结构的词语，词内蕴含事件结构，具体包括事件词、事件词与其他词的论元关系，因此，在一般语言结构分析流程中增加了词内事件结构分析，分析示例代码如下。

代码 6-1

```
require("module")

function CoEvent(Sentence)
    SetText(Sentence)
    DepStruct=CallService(GetText(),"dep")
    if DepStruct == "" then
        return
    end
    AddStructure(DepStruct)
    Seg=CallService(GetText(),"segment")
    if Segment == "" then
        return
    end

    AddStructure(Seg)

    Relate("Co_Event")
    RunFSA("CoEvent")
    module.DrawGraph("graph\\","")

end

function demo()
    Sentence="淘气的孩子打碎了一个花瓶。"
    CoEvent(Sentence)
end

demo()
```

6.1.2 数据表

数据表示例如下。

数据表 6-1

```
Table Co_Event
打碎 Coll=[A0 A1] CoEvent=[A0(打)=(A0) A0(碎)=(A1)] Limit=
[UChunk:RSub=*] Coll-A0=Tab_A0   Coll-A1=Tab_A1
洗车 Coll=[A0] CoEvent=[A0(洗)=(A0) A1(洗)=车] Limit=[UChunk:
RSub=*] Coll-A0=Tab_A0
```

```
洗车工 CoEvent=A0（洗车）=洗车工
雨刷器 CoEvent=[Tool（刷）=雨刷器 A1（刷）=雨]


Table  Tab_A0
Type=Word&UChunk:RHead=sbj&To=UChunk


Table  Tab_A1
Type=Word&UChunk:RHead=obj&To=UChunk

```

6.1.3 有限状态自动机

有限状态自动机示例如下。

FSA 6–1

```
FSA CoEvent
#Include Lib
{
    AddCoEvent()
}

FuncLib Lib

function Split(str, sep)
    local sep, fields = sep or ":", {}
    local pattern = string.format("([^%s]+)", sep)
    str:gsub(pattern, function (c) fields[#fields + 1] = c end)
    return fields
end

function AddCoEvent()
    Units=GetUnits("CoEvent=*")
    for i=1,#Units do
        CoEvents=GetUnitKVs(Units[i],"CoEvent")
        for j=1,#CoEvents do
            Table=Split(CoEvents[j],"=()")
            if #Table == 3 then
                NewMain=AddUnit(Units[i])
                AddUnitKV(NewMain,"Word",Table[2])
               URoles=GetUnits(Units[i],"USub"..."-"...Table[3])
                if #URoles == 0 then
```

```
27                     NewSub=AddUnit(Units[i])
28                     AddUnitKV(NewMain,"Word",Table[3])
29                 else
30                     NewSub=URoles[1]
31                 end
32                 AddRelation(NewMain,NewSub,Table[1])
33             end
34         end
35     end
36 end
37
```

6.1.4　运行结果

代码 6-1 输出结构示意如图 6-1 所示。

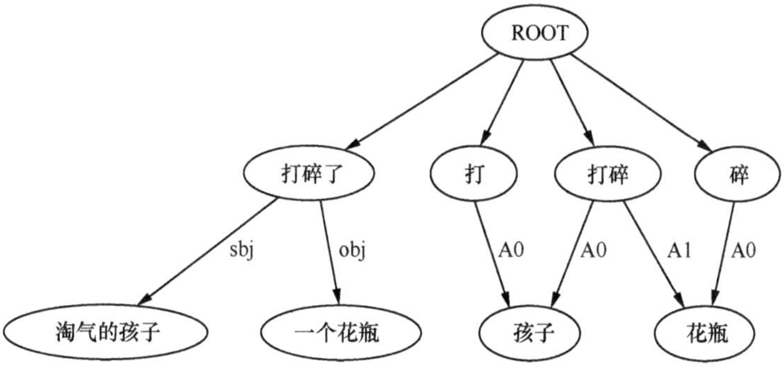

图 6-1　代码 6-1 输出结构示意

6.1.5　解释说明

代码 6-1 的具体说明如下。

第 5 ～ 15 行，对网格内待分析文本进行组块依存结构分析和分词处理，并将分析后的结果添加到网格中。

第 17 行，调用 API 函数 Relate，通过数据表“Co_Event”添加主网格单元和从网格单元，并建立二者之间的关系。

第 18 行，调用 API 函数 RunFSA，执行有限状态自动机“CoEvent”。

第 19 行，输出网格中的二元关系图。

数据表 6–1 的具体说明如下。

第 1 ～ 7 行，为数据表主表。其中，第 1 行“Co_Event”为表名，第 2 ～ 7 行为数据项，这里以具体词条的形式表示，每个数据项下定义了数据项的属性信息，包括该词条的论元角色信息“Coll”，词内事件结构信息“CoEvent”，匹配该词条的限制条件“Limit”，以及每个论元角色对应的从表信息“Coll–A0、Coll–A1”等。

第 10 ～ 11 行，为数据表从表。其中，第 10 行“Tab_A0”为表名，第 11 行为数据项，以“KV”键值表达式的形式来表示，其表达的意思是在网格中所有符合该键值表达式的网格单元都为数据项。这里表示需要同时满足以下条件。

一是为词类型的网格单元“Type=Word”。

二是数据项所在组块的网格单元为从网格单元，且该从网格单元与主网格单元具有主语关系，即“UChunk:RHead=sbj”。

三是为中心语位置为“To=UChunk”。

第 14 ～ 15 行，为数据表从表。其中，第 14 行“Tab_A1”为表名，第 15 行为数据项，以“KV”键值表达式的形式进行表示，其表达的意思是在网格中所有符合该键值表达式的网格单元都为数据项。这里表示需要同时满足的 3 个条件，与第 10 ～ 11 行中的 3 个条件相同。

FSA 6–1 的具体说明如下。

第 1 行，有限状态自动机的名称为“CoEvent”。

第 2 行，有限状态自动机的参数配置，这里以“#Include”表示引入函数库 Lib。

第 3 ～ 5 行，表示一个有限状态自动机，该有限状态自动机无 Context(上下文)，只有 Operation(运行) 部分。

第 7 ～ 36 行，为函数库，以“FuncLib”来表示，“Lib”为函数库名称，在有限状态自动机中使用时引入。

该函数库中包括 Split 和 AddCoEvent 两个功能函数。函数 Split 的功能是通过指定分隔符 sep 对字符串“str”进行切分，并返回切分后的字符串集合。

函数 AddCoEvent 的功能为词内事件结构分析。第 17 行为获得所有具有词内事件结构信息的网格单元，第 19 行为获得该网格单元具体的词内事件结构信息，例如，“A0(打)=(A0)”；第 21 行通过切分后获得词语内的事件词、论元及论元关系，例如，“A0 打 A0”；第 22 ～ 32 行，根据 CoEvent 信息在网格中添加词语内部蕴含的事件词及论元对应的网格单元，并为二者构建单元关系。

6.2　从组块依存结构变换为词依存结构

6.2.1　任务分析

意合图语义分析以组块为单位，标注了组块依存结构语料库。在此语料库的基础上，我们采用深度学习方法构建了组块依存结构计算的第三方服务，将组块依存结构作为中间结构，完成从句法依存结构到语义意合结构的转换。

意合图中代表事件的为事件词，而不是组块，因此，组块依存结构需要变换为最终的意合结构。组块依存结构到词依存结构的转换示例代码如下，通过该示例说明数据表和 FSA 一些特殊用法，例如，数据表键值表达式类的数据项；U 型和 R 型表达式的应用等。

代码 6-2

```
require("module")

local function CD2WD(Sentence)
    SetText(Sentence)
    DepStruct=CallService(GetText(),"dep")
    AddStructure(DepStruct)
    DepStruct=CallService(GetText(),"seg")
    AddStructure(DepStruct)
    Relate("DepHead_Table")
    RunFSA("WordDep","ST=DepHead_Table")
end

local function Demo()
    Line="第17分时，樊振东抓住难得的机会反手直线得分终于止住连丢5分的
    劣势，对手反手弹网出界让樊振东11比9拿下艰苦的第二局。"

    CD2WD(Line)

```

```
    module.DrawGraph ( "graph\\","dep" )
    module.DrawGraph ( "graph\\","DepHead_Table" )
end

Demo ( )
```

6.2.2 数据表

数据表示例如下。

数据表 6-2

```
Table DepHead_Table
#Global Coll=[SBJ OBJ Mod] Coll-SBJ=[SBJ_Coll] Coll-OBJ=[OBJ_
Coll] Coll-Mod=[Mod_Coll]
Type=Word&UChunk=URoot

Table SBJ_Coll
To=UChunk&UChunk:RHead=sbj&Type=Word&GroupID=UCollocation


Table OBJ_Coll
To=UChunk&UChunk:RHead=obj&Type=Word&GroupID=UCollocation


Table Mod_Coll
RHead=mod&GroupID=UCollocation
```

6.2.3 有限状态自动机

有限状态自动机示例如下。

FSA 6-2

```
FSA WordDep
#Param Nearby=No Order=Yes MaxLen=No
#Entry EntryNPHead=[To=UChunk&UChunk:RHead=sbj To=UChunk&UChunk:
RHead=obj]

ChunkID=UEntry&From=UChunk&Type=Word EntryNPHead
{
    UnitE=GetUnit ( -1 )
```

```
        UnitC=GetUnit(0)
        FromE=GetUnitKV(UnitE,"From")
        FromC=GetUnitKV(UnitC,"From")
        if  FromE ~= FromC then
            Attribute=GetText(FromC,FromE-1)
            NewAtt=AddUnit(FromE-1,Attribute)
            AddRelation(UnitE,NewAtt,"Mod")
            AddUnitKV(UnitE,"Tag","Head")
        end
    }

```

6.2.4 运行结果

代码 6-2 的运行结果（组块依存图）示意如图 6-2 所示，代码 6-2 的运行结果（词依存图）示意如图 6-3 所示。

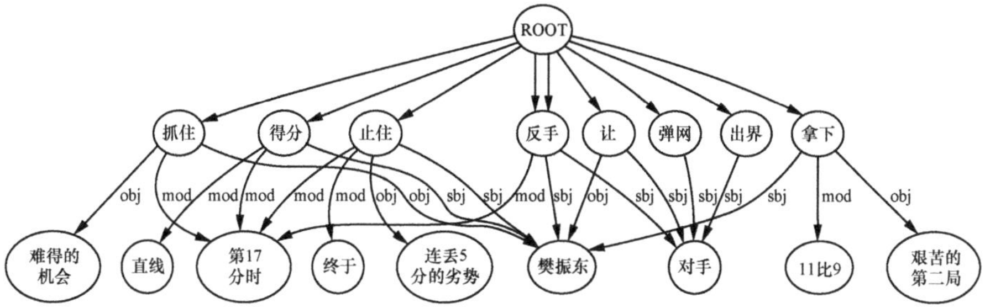

图 6-2　代码 6-2 的运行结果（组块依存图）示意

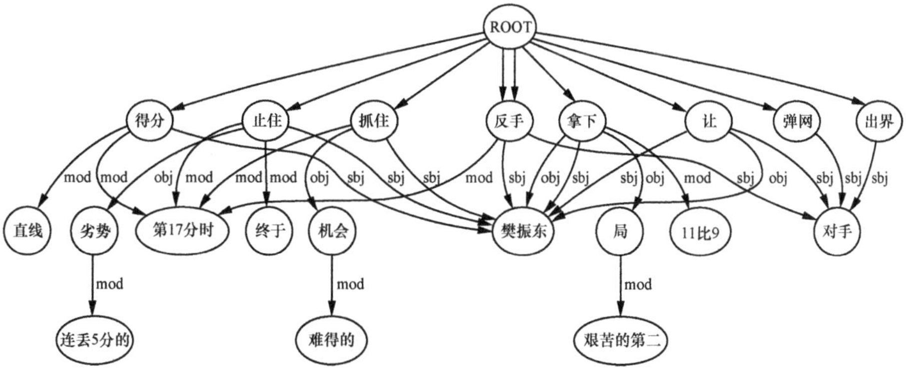

图 6-3　代码 6-2 的运行结果（词依存图）示意

6.2.5 解释说明

代码 6-2 的具体说明如下。

第 5 ～ 8 行，对分析文本分别进行组块依存结构分析和分词处理，并把结果添加到网格中。

第 9 行，调用 API 函数 Relate，通过“DepHead_Table”二元数据表，在网格中建立主网格单元、从网格单元，以及二者之间的关系，为组块依存到词依存做初步转换。

第 10 行，通过 API 函数 RunFSA 运行有限状态自动机“WordDep”，对组块中的定语和中心语结构进行分析，分离定语和中心语，并建立二者之间的修饰关系。

第 19 行，画出组块依存结构图。

第 20 行，画出转换之后的词依存结构图。

数据表 6-2 的具体说明如下。

第 1 ～ 4 行，二元数据表中的主数据表。其中，第 1 行“DepHead_Table”为主表名称。第 2 ～ 3 行，为主表的参数项，为主表中的各个数据项定义了通用的执行参数，包括关系角色及每个关系角色对应的从表。第 4 行，为主表数据项，键值表达式形式，表示在网格中，所有符合该键值表达式的网格单元都为数据项。这里需要满足两个条件，即网格单元类型“Type=Word”，且其所在组块的网格单元“UChunk”为主网格单元“URoot”。

第 6 行、第 10 行和第 14 行分别定义了 3 个从表，从表名分别为“SBJ_Coll”“OBJ_Coll”和“Mod_Coll”。

第 7 行、第 11 行和第 15 行为从表数据项，为键值表达式形式，表示作为主网格单元的依存单元，需要同时满足键值表达式的这几个条件。以第 7 行为例进行说明，需要满足的条件如下。

一是网格单元为中心语位置“To=UChunk”。

二是所在组块的网格单元为从网格单元且与主网格单元具有宾语关系“UChunk:RHead=sbj”。

三是为词类型的网格单元“Type=Word”。

四是当前从网格单元与主网格单元所在一个自足结构“GroupID=UCollocation”。

FSA 6-2 的具体说明如下。

第 1 行，有限状态自动机的名称“WordDep”。

第 2 行，通过 #Param 配置 FSA 与网格匹配的参数。“Nearby=No”表示相邻 FSA 路径节点对应的网格单元可以不紧邻；“Order=Yes”表示 FSA 路径节点对应的网格单元具有前后顺序要求；“MaxLen=No”表示 FSA 与网格匹配结果不做最长 FSA 路径约束，而是所有执行匹配路径下对应的 Operation 节点。

第 3 ～ 4 行，通过 #Entry 定义 FSA 节点与网格单元的预对齐节点，这里表示预对齐节点需要为主语或宾语的中心语。

第 6 行，FSA 的 Context 部分包括两个 Item 项。其中，第一个 Item 项表示定语部分；第二个 Item 项表示中心语部分。第一个 Item 项中的“UEntry”代表与 FSA 对齐节点对应的网格单元，“ChunkID=UEntry”表示预对齐网格单元与当前匹配的网格单元在一个组块中。“From=UChunk”表示当前网格单元为所在组块的最左端。

第 8 ～ 16 行，FSA 的 Operation 部分，其主要功能为在网格中添加一个定语部分对应的网格单元，并与中心语构建“Mod”关系。

6.3 事件词识别

6.3.1 任务分析

意合图语义分析整体采用的是两步走的策略：第一步进行句法分析；第二步借助句法信息进行语义分析。具体来说，以组块依存结构为中间结构，且组块依存结构与意合图一样，也强调以谓词为中心；二者不同的是，组块依存图承载的是句法结构，意合图承载的是语义结构。但由于句法和语义存在一定的同构性，所以大多数情况下，句法结构中的谓词组块与语义结构中的事件词是一致的。例如，组块依存结构中的述语组块往往也是语义结构中的事件词。另外，也存在句法语义不一致的情况，例如，在句法结构中，离合出现的成分在语义上整体表示一个事件，此时，就需要在组块依存结构的基础上进行离合成分的合并，并为其设置原型事件词。例如，“我和他打了一架”中“打了一架”在句法层面表现为两个组块，而其整体在语义层面对应一个事件词“打架”。事件词识别这一任务主要是识别离合词非紧邻出现的情况，示例代码如下。

代码 6-3

```
require ( "module" )

local function SepWord ( Sentence,Type )
    SetText ( Sentence )
    DepStruct=CallService ( GetText ( ) ,"dep" )
    AddStructure ( DepStruct )

    Seg=CallService ( GetText ( ) ,"segment" )
    AddStructure ( Seg )
    if Type == 1 then
        Segment ( "Sep_V" )
        RunFSA ( "SepV1" )
    else
            Relate ( "Sep_V" )
        RunFSA ( "SepV2" )
    end

end

local function Demo ( Sent,Type )
    SepWord ( Sent,Type )
    module.DrawGraph ( "graph\\","" )

    module.PrintLog ( )
    Units=GetUnits ( "Tag=SepWord" )
    for i=1,#Units do
        print ( GetWord ( Units[i] ) )
    end
end

Sent="李明把守的大门被他破了"
Demo ( Sent,1 )
```

```
--Demo(Sent,2)
```

6.3.2　数据表

数据表示例如下。

数据表 6-3

```
Table Sep_V
#Global  Coll=[VN VC] Limit=[UChunk:RSub=*]
喝  Coll-VC=VC_喝
破  Coll-VN=VN_破

Table VC_喝
#Global  Limit=[To=UChunk]
醉  HeadWord=喝倒
倒  HeadWord=喝倒
趴下  HeadWord=喝倒
光  HeadWord=喝光
一点不剩 HeadWord=喝光
一滴不剩 HeadWord=喝光

Table VN_破
#Global  Limit=[ChunkPos=End]
门    HeadWord=破门
十指 HeadWord=破门
```

6.3.3　有限状态自动机

有限状态自动机示例如下。

FSA 6-3

```
FSA SepV1
#Include FuncLib
#Param Nearby=No MaxLen=No Order=Yes
#Entry EntrySepV=[Coll=*&UChunk:RSub=*]

Word=VN_XB&To=UChunk&UChunk:RHead=sbj&GroupID=UEntry EntrySepV
{
    UnitN=GetUnit(0)
    UnitV=GetUnit(-1)
    NewUnit(UnitV,UnitN,"VN")
}
```

```
EntrySepV Word=VN_XB&To=UChunk&UChunk:RHead=obj&GroupID=UEntry
{
    UnitV=GetUnit(0)
    UnitN=GetUnit(-1)
    NewUnit(UnitV,UnitN,"VN")
}

EntrySepV Word=VC_XB&UChunk:RHead=mod&GroupID=UEntry
{
    UnitV=GetUnit(0)
    UnitC=GetUnit(-1)
    if CheckSep(UnitV,UnitC) then
        NewUnit(UnitV,UnitC,"VC")
    end
}


FSA SepV2
#Include FuncLib
#Param Nearby=No MaxLen=No Order=Yes
#Entry EntrySepV=[RSub=*&UChunk:RSub=*]

UEntry=VN&To=UChunk&UChunk:RHead=sbj EntrySepV
{
    UnitN=GetUnit(0)
    UnitV=GetUnit(-1)
    NewUnit(UnitV,UnitN,"VN")
}


EntrySepV UEntry=VN&To=UChunk&UChunk:RHead=obj
{
    UnitV=GetUnit(0)
    UnitN=GetUnit(-1)
    NewUnit(UnitV,UnitN,"VN")
}

EntrySepV UEntry=VC
{
    UnitV=GetUnit(0)
    UnitC=GetUnit(-1)
```

```
    if CheckSep ( UnitV,UnitC )  then
        NewUnit ( UnitV,UnitC,"VC" )
    end
}


FuncLib  FuncLib

function NewUnit ( UnitE,UnitArg,Role )
    Tables=GetRelationKVs ( UnitE,UnitArg,Role )
    UnitNew=AddUnit ( UnitE )
    AddUnitKV ( UnitNew,"Tag","SepWord" )
    AddUnitKV ( UnitNew,"Word",GetText ( UnitE ) ..GetText ( UnitArg ) )

    for K,Vs in pairs ( Tables )  do
        for i=1,#Vs do
            AddUnitKV ( UnitNew,K,Vs[i] )
        end
    end
end

function CheckSep ( UnitV,UnitC )
    To=GetUnitKV ( UnitV,"To" )
    From=GetUnitKV ( UnitC,"From" )
    if From-To < 3 then
        return 1
    end
    return 0
end
```

6.3.4 运行结果

代码 6-3 的运行结果如下。代码 6-3 的运行结果（离合词识别结果）示意如图 6-4 所示。

```
Entry:    FSA: ( SEPV1 ) Unit: ( 破 ) EntryNode: ( EntrySepV )
Match ( SepV1 ) :Word=VN_XB&To=UChunk&UChunk:RHead=sbj&GroupID=
UEntry ( 门 ) +EntrySepV ( 破 )
Param: MaxLen=No Nearby=No Order=Yes ST=SepV1

破门
```

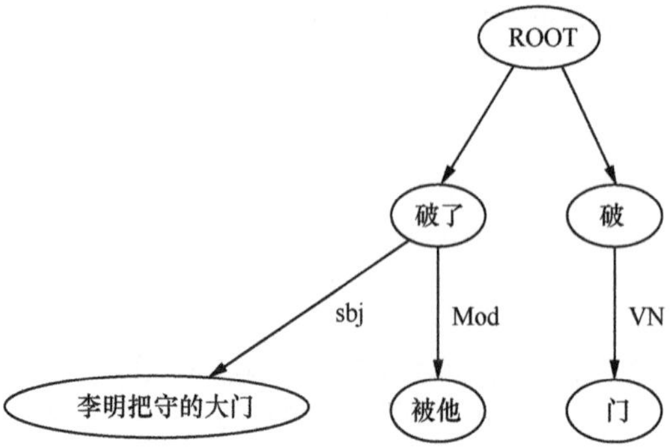

图 6-4　代码 6-3 的运行结果（离合词识别结果）示意

6.3.5　解释说明

代码 6-3 的具体说明如下。

第 1 行，加载“module”模块，从而支持在当前代码中调用该模块内的函数。

第 21 行，调用自定义函数“SepWord”完成对离合词的识别与合并。

第 22 行，调用“module”模块中的“DrawGraph”函数，根据网格中的二元关系生成结构图。

第 24 行，调用“module”模块中的“PrintLog”函数，输出运行日志信息。

第 25 ～ 28 行，输出网格中所有具有“Tag=SepWord”属性的网格单元，即为识别结果。

其中，自定义函数“SepWord”的具体说明如下。

第 5 ～ 9 行，分别调用组块依存与分词词性标注第三方服务，并将其各自的返回结果添加到网格中。

第 10 ～ 16 行，给出两种离合词的识别方法。

第 11 ～ 12 行，利用 Segment 函数识别离合词的识别方法。

其中，第 11 行，使用 API 函数 Segment，根据数据表“Sep_V”中的数据项对网格中的文本进行分词，形成新的网格单元，并将数据表中的属性信息添加到对应网格单元中。

第 12 行，运行有限状态自动机“SepV1”，对离合词内部离合成分进行识别并合并。

第 14 ~ 15 行，是利用 Relate 函数识别离合词的识别方法。

其中，第 14 行，利用 Relate 函数应以“Sep_V”为主表的关系型数据表，在网格中建立主网格单元、从网格单元，即构建离合词内部离合成分之间的二元关系。

第 15 行，运行有限状态自动机“SepV2”，对离合词内部离合成分进行识别并合并。

数据表 6-3 的具体说明如下。

第 1 ~ 4 行，定义了表名为“Sep_V”的数据表，该数据表用于存放离合词的核心动词。

其中，第 1 行，“Table”为保留字，“Sep_V”为数据表名。

第 2 行，保留字“#Global”、全局属性“Coll=[VN VC]”和“Limit=[UChunk:RSub=*]”表示该数据表中的全部数据项均具有这两个属性。其中，“Coll=[VN VC]”定义了可与数据项形成的搭配关系“VN”和“VC”，在当前任务中表示“动宾关系”和“述补关系”；“Limit=[UChunk:RSub=*]”描述了数据项被导入网格时应满足的限定条件，当数据项对应的网格单元满足键值表达式“UChunk:RSub=*”时，才能被导入网格中，键值表达式“UChunk:RSub=*”表示网格单元所在的组块单元为主网格单元。

第 3 行，表示的是数据表“Sep_V”的数据项，属性“Coll-VC=VC_喝”表示从表“VC_喝”与当前数据项形成二元关系“VC”。

第 6 ~ 13 行，定义了表名为“VC_喝”的数据表，其为数据表“Sep_V”的从表，用于存放与“喝”构成二元关系“VC”的词。

其中，第 7 行，“#Global”为保留字，“Limit=[To=UChunk]”为全局属性。全局属性“Limit=[To=UChunk]”表示当该从表中的数据项对应的网格单元处于组块的中心语位置时，才可以被导入网格中。

第 8 行，表示的是数据表“VC_喝”的一个数据项，其属性“HeadWord=喝倒”描述的是二元关系“(喝，醉，VC)”。

FSA 6-3 的具体说明如下。

第 1 ~ 27 行，为有限状态自动机“SepV1”的脚本，使用 Segment 函数和数据表“Sep_V”对网格内容进行分词后，利用该脚本继续进行离合词的识别。

其中，第 1 行，“FSA”为保留字，其后为 FSA 的名称“SepV1”。

第 2 行，“#Include”为保留字，其后为当前脚本使用的函数库“FuncLib”。

第 3 行，“#Param”为保留字，其后为当前脚本设置的参数。“Nearby=No”表示相邻节点匹配的网格单元不需要在网格中相邻；“MaxLen=No”表示执行所有匹配路径对应的操作；“Order=Yes”表示节点顺序与语序一致。

第 4～5 行，定义 FSA 节点与网格单元的预对齐节点，通过“EntrySepV=[Coll=*&UChunk:RSub=*]”指定预对齐节点“EntrySepV”对应的网格单元满足键值表达式“Coll=*&UChunk:RSub=*”，即网格单元具有“Coll”属性，且其所在的组块单元为主网格单元。

第 6 ～ 11 行，描述了一个控制项，用于识别离合成分之间构成主谓关系的情况。

其中，第 6 行，为该控制项的 Context。其中，“EntrySepV”表示预对齐节点；“Word=VN_XB&To=UChunk&UChunk:RHead=sbj&GroupID=UEntry”为 4 个键值表达式的逻辑与运算形式，每个键值表达式均是对该节点匹配的网格单元的限制。其含义分别为：网格单元内容在数据表“VN_XB”中，在实际匹配时，“XB”替换为预对齐节点所匹配到的网格单元的内容；网格单元处于组块单元的中心语位置；网格单元所在的组块单元具有主语依存块；网格单元与预对齐节点匹配到的网格单元在同一自足结构中。

第 8 ～ 10 行，为控制项的 Operation，Context 匹配成功时，自动运行。

其中，第 8 ～ 9 行，取得 Context 两个节点匹配到的网格单元。

第 10 行，调用函数库 FuncLib 中的 NewUnit 函数，将匹配到的离合成分合并生成一个新的网格单元，并添加网格单元属性。

第 13 ～ 18 行，描述了一个控制项，用于识别离合成分之间构成述宾关系的情况。

第 20 ～ 27 行，描述了一个控制项，用于识别离合成分之间构成述补关系的情况。

其中，第 24 行，调用函数库 FuncLib 中的 CheckSep 函数对匹配到的述语离合成分和补语离合成分进行判断，如果两个成分之间的距离小于 3 个字符，则认定为离合词。需要注意的是，这一判断条件仅做示例，读者可以自行书写判断脚本。

第 30 ～ 57 行，为有限状态自动机“SepV2”的脚本，利用该脚本进行离合词的识别。

其中，第 35 ～ 40 行，描述了一个控制项，用于识别离合成分之间构成主谓关系的情况。

其中，第 35 行，为该控制项的 Context，其中，“UEntry=VN”表示匹配的网格单元与预对齐节点匹配到的网格单元具有“VN”关系。

第 60 ～ 82 行，为当前有限状态自动机文件的函数库，在 FSA 脚本中通过“#Include”设置后，函数库中的函数可以在脚本中直接使用。

6.4　事件情态结构分析

6.4.1　任务分析

在意合图语义分析中，对情态结构的分析也是重要的一部分。汉语情态结构一般表达的是说话者的主观态度、情感信息以及时态标记等，句法上通常充当事件词的修饰性成分，即状语或补语。情态结构在句法与语义上具有一定的同构性，因此，同样可以采用中间结构的分析策略。具体思路为：以组块依存和分词词性标注为中间结构，为情态结构分析提供句法基础，同时，存储在数据表中的情态知识为情态结构分析提供语义基础，利用有限状态自动机控制上下文，根据句法、语义，以及上下文知识为事件词添加情态信息，完成对事件情态结构的分析，示例代码如下。

代码 6-4

```
require("module")

local function Mood(Sentence)
    SetText(Sentence)
```

```
        DepStruct=CallService(GetText(),"dep")
        AddStructure(DepStruct)
        Seg=CallService(GetText(),"segment")
        AddStructure(Seg)

        Segment("Tab_Mod")

        RunFSA("Mod2Head")
        RunFSA("Mod2Prd")
    end

    local function Demo(Sent)
        Sent="李明非常不喜欢他"
        Mood(Sent)
        Units=GetUnits("Tag=Mood")
        for i=1,#Units do
            print(GetText(Units[i]))
        end
            module.PrintRelation()
    end

    Demo()
```

6.4.2 数据表

数据表示例如下。

数据表 6-4

```
Table Tab_Mod
非常 Degree=High
不   Tag=Neg
很少 Tag=LowFre
```

6.4.3 有限状态自动机

有限状态自动机示例如下。

FSA 6-4

```
FSA Mod2Head
#Include ModLib
#Param Nearby=No MaxLen=Yes Order=Yes
#Entry EntryModHead=[UChunk:RHead=Mod&To=UChunk&Type=Word]
```

```

From=UChunk&ChunkID=UEntry&Type=Word EntryModHead
{
    UnitE=GetUnit(-1)
    UnitM=GetUnit(0)
    FromE=GetUnitKV(UnitE,"From")
    FromM=GetUnitKV(UnitM,"From")
    ToM=GetUnitKV(UnitM,"To")
    if  ToM+1 == FromE then
        NewAtt=UnitM
    else
        Mod=GetText(FromM,FromE-1)
        NewAtt=AddUnit(FromE-1,Mod)

    end
    AddRelation(UnitE,NewAtt,"Mod")
    CollectKV(NewAtt,UnitE)

}


FSA Mod2Prd
#Include ModLib
#Param Nearby=No MaxLen=No Order=Yes
#Entry EntryPrd=[UChunk:RSubDep=*]

UChunk:RHead=Mod&To=UChunk&Type=Word&GroupID=UEntry EntryPrd
{
    UnitMod=GetUnit(0)
    UnitPrd=GetUnit(-1)
    AddRelation(UnitPrd,UnitMod,"Mod")
    CollectKV(UnitMod,UnitPrd)
}

FuncLib ModLib
local function CollectKV(UnitMod,UnitPrd)
    AddUnitKV(UnitMod,"Tag","Mood")
    if IsTable("Tab_Mod", GetText(UnitMod)) then
        KVs=GetTableKVs("Tab_Mod", GetText(UnitMod))
        for K,Vs in pairs(KVs) do
            for i=1,#Vs do
                AddRelationKV(UnitPrd,UnitMod,"Mod",K,Vs[i])
            end
```

```
48            end
49        end
50    end
51
```

6.4.4 运行结果

代码 6-4 的运行结果如下。

```
非常
不
=>喜欢 李明(sbj)
KV:ST=[Dep Struct]
=>喜欢 非常不(mod)
KV:ST=[Dep Struct]
=>喜欢 他(obj)
KV:ST=[Dep Struct]
=>不 非常(Mod)
KV:Degress=High ST=[Mod2Head FSA]
=>喜欢 不(Mod)
KV:Tag=Neg ST=[Mod2Prd FSA]

```

6.4.5 解释说明

代码 6-4 的具体说明如下。

第 18 行，调用自定义函数“Mood”完成对事件情态结构的分析。

第 19 ～ 22 行，取得并输出网格中所有具有“Tag=Mood”属性的网格单元。

第 23 行，调用“module”模块中的“PrintRelation”函数，输出网格中所有的二元关系及属性。

在代码 6-4 中，自定义函数“Mood”的具体说明如下。

第 4 ～ 8 行，调用组块依存与分词词性标注服务，并将其各自的返回结果导入网格中。

第 10 行，使用 API 函数 Segment，利用数据表“Tab_Mod”中的数据项对句子进行最大长度分词并将数据表“Tab_Mod”中相关数据项的属性信息导入网格中。

第 12 ～ 13 行，分别执行有限状态自动机“Mod2Head”与“Mod2Prd”，利用句法、数据表与上下文信息识别对事件词的情态结构进行分析。

数据表 6-4 的具体说明如下。

第 1 ～ 4 行，定义名为“Tab_Mod”的数据表，该数据表中存放情态词及其语义属性。

FSA 6-4 的具体说明如下。

第 1 ～ 23 行，为有限状态自动机“Mod2Head”的脚本，该脚本用于识别状语块和补语块的中心语及其修饰成分，并添加对应的二元关系。

其中，第 1 行，“FSA”为保留字，其后为 FSA 名“Mod2Head”。

第 2 行，“#Include”为保留字，其后为当前脚本调用的函数库“ModLib”。

第 3 行，“Param”为保留字，其后为脚本的参数配置。“Nearby=No”表示相邻节点匹配的网格单元不需要在网格中相邻；“MaxLen=Yes”表示仅执行最长匹配路径对应的操作；“Order=Yes”表示节点顺序与语序一致。

第 4 行，定义 FSA 节点与网格单元的预对齐节点，通过“EntryModHead=[UChunk:RHead=Mod&To=UChunk&Type=Word]”指定预对齐节点“EntryModHead”匹配的网格单元满足键值表达式“UChunk:RHead=Mod&To=UChunk&Type=Word”，即网格单元所在的组块单元以“Mod”关系依存于其他单元，网格单元处于组块的中心语位置，且网格单元的类型为词单元。该预对齐节点匹配到的是状语块和补语块的中心语单元。

第 6 ～ 23 行，描述了一个控制项。

其中，第 6 行，为控制项的 Context，“EntryModHead”为预对齐节点，“From=UChunk&ChunkID=UEntry&Type=Word”为 3 个键值表达式的逻辑与运算形式，每个键值表达式均是对该节点匹配的网格单元的限制。其含义分别为：网格单元是组块单元的首单元；网格单元与预对齐节点对应的网格单元在同一个组块内；网格单元的类型为词单元。

第 8 ～ 21 行，为控制项的 Operation。

其中，第 8 ～ 12 行，取得匹配到的网格单元及起止位置信息。

第 13 ～ 19 行，根据网格单元的起止位置取得修饰语单元。如果第一个节点匹配到的网格单元与中心语单元相邻时，则该网格单元即为中心语单元的修饰语单元；否则，合并该网格单元到中心语单元前的所有单元，将其作为修饰语单元。

第 20 行，为中心语单元和修饰语单元添加二元关系。

第 21 行，调用函数库 ModLib 中的 CollectKV 函数，为修饰语单元添加“Tag=Mood”属性，将修饰语在数据表“Tab_Mod”中的属性信息添加到二元关系属性上。

第 26 ～ 37 行，是有限状态自动机“Mod2Prd”的脚本，该脚本用于识别核心述语及其修饰成分，并添加对应的二元关系。

其中，第 29 行，定义 FSA 节点与网格单元的预对齐节点，通过“EntryPrd=[UChunk:RSubDep=*]”指定预对齐节点“EntryPrd”匹配的网格单元满足键值表达式“UChunk:RSubDep=*”，即网格单元所在的组块单元为组块依存结构中的被依存节点。该预对齐节点匹配到的是述语单元。

第 31 ～ 37 行，描述了一个控制项。

其中，第 31 行，为控制项的 Context，“EntryPrd”为预对齐节点，匹配述语单元，“UChunk:RHead=Mod&To=UChunk&Type=Word&GroupID=UEntry”匹配述语的修饰语单元，为 4 个键值表达式的逻辑与运算形式，每个键值表达式均是对该节点匹配的网格单元的限制其含义分别为：网格单元所在组块单元以“Mod”关系依存于其他单元；网格单元处于组块单元的中心语位置；网格单元的类型为词单元；网格单元与述语单元在同一自足结构中。

第 33 ～ 36 行，为控制项的 Operation。

其中，第 33 ～ 34 行，取得 Context 匹配到的述语单元和修饰语单元。

第 35 行，为述语单元和修饰语单元添加二元关系。

第 36 行，调用函数库 ModLib 中的 CollectKV 函数，为修饰语单元添加“Tag=Mood”属性，将修饰语在数据表“Tab_Mod”中的属性信息添加到二元关系属性上。

第 39 ～ 50 行，当前有限状态自动机文件中的函数库。

6.5　事件论元结构分析

6.5.1　任务分析

事件论元结构分析是意合图语义分析中最重要的一部分，事件论元结构句法上通常充当事件词的主语或宾语成分，也有少部分充当修饰性成分，例如，“把”字句与“被”字句等。论元结构在句法与语义上具有一定的同构性，在意合图语义分析中，同样采用中间结构的分析策略，具体思路为：以组块依存和分词词性标注为中间结构，为事件论元结构分析提供句法基础，同时，调用事件候选论元外部服务为事件论元结构分析提供候选论元信息，存储在数据表中的论元搭配知识为事件论元结构分析提供语义基础，利用有限状态自动机控制上下文，搜集多源特征并对多源特征进行评估，进一步为事件论元结构的分析提供知识，完成事件论元结构的分析，示例代码如下。

代码 6-5

```
require("module")

function Event(Sentence)
    Lexicon("Sem_Dict")
    SetText(Sentence)

    DepStruct=CallService(GetText(),"dep")
    AddStructure(DepStruct)

    Seg=CallService(GetText(),"segment")
    AddStructure(Seg)

    MergeStruct()

    SimJson=SimService(Seg,"sim")
    EventArg=CallService(SimJson,"sim")
    AddStructure(EventArg)

    Relate("Role_Event")

    RunFSA("Arg","Role=A0")
    RunFSA("Arg","Role=A1")
```

```
    RunFSA("Arg","Role=Aid")

    module.DrawGraph("graph\\","dep")
    module.DrawGraph("graph\\","sim")
    module.DrawGraph("graph\\","Role_Event")


    module.DrawResult("graph\\","sim")

end

function SimService(Seg,Name)
    Info=cjson.decode(GB2UTF8(Seg))
    Info["Num"]=2
    Info["ST"]=Name
    Info["Role"]="A0 A1"
    Info["Groups"]={}

    Word2ID={}
    for i=1,#Info["Units"] do
        Word2ID[Info["Units"][i]]=i-1;
    end

    No=1
    Units=GetUnits("UChunk=URootdep&POS=v")
    for i=1,#Units do
        HeadID=Word2ID[GB2UTF8(GetWord(Units[i]))]
        if HeadID ~= nil then
            Info["Groups"][No]={}
            Info["Groups"][No]["HeadID"]=HeadID
            No=No+1
        end
    end
    Json = cjson.encode(Info)
    return UTF82GB(Json)
end

function MergeStruct()
    Relate("Sep_V")
    RunFSA("SepV1","ST=Sep_V")
    Segment("Merge_Entry")
    RunFSA("Merge","ST=Sep_V")
end

```

```
Sent="李明接到王海的传球，起脚射门，破了对方的门，打进了上半场第一个球"
```

代码 6-6

```
function module.AddFeatureR ( UnitEntry,UnitCurrent,Role,
feature,score )
    AddRelationKV ( UnitEntry,UnitCurrent,Role,"Feature",
feature )
    FeatureKey="Feature-"...feature
    FeatureVal=GetRelationKVs ( UnitEntry,UnitCurrent,Role,
FeatureKey )
    if #FeatureVal > 0 then
        score=score+tonumber ( FeatureVal[1] )
    end
    FeatureScore=string.format ( "%d",score )
    AddRelationKV ( UnitEntry,UnitCurrent,Role,FeatureKey,
FeatureScore )
    print ( GetText ( UnitEntry ) ,GetText ( UnitCurrent ) ,Role,
FeatureKey,FeatureScore )

end

function module.GetFeatureR ( UnitEntry,UnitCurrent,Role )
    local Info={}
    FeatureInfo=GetRelationKVs ( UnitEntry,UnitCurrent,Role,
"Feature" )
    for i=1,#FeatureInfo do
        FeatureScore=GetRelationKVs ( UnitEntry,UnitCurrent,
Role,"Feature-"..FeatureInfo[i] )
        if #FeatureScore > 0 then
            Info[FeatureInfo[i]]=string.tonumber ( FeatureScore[1] )
        end
    end
    return Info
end

function module.GetScoreR ( UnitEntry,UnitCurrent,Role )
    local Score=0
    FeatureInfo=GetRelationKVs ( UnitEntry,UnitCurrent,Role,
"Feature" )
    for i=1,#FeatureInfo do
        FeatureScore=GetRelationKVs ( UnitEntry,UnitCurrent,
Role,"Feature-"..FeatureInfo[i] )
        if #FeatureScore > 0 then
```

```
                Score=Score+string.tonumber(FeatureScore[1])
            end
        end
        return Score
end

function module.DrawResult(DotPath,Name)
        Head=
        [[
digraph g {
        node [fontname="FangSong"]
        rankdir=TD
        ]]

        Called={}
        if Name == nil or Name == "" then
            CollHeads=GetGridKVs("URoot")
            Graph="Result.png"
            Name=""
        else
            CollHeads=GetGridKVs("URoot"...Name)
            Graph=Name..."Result.png"
        end

        Tree="tree.txt"

        OUT = io.open(Tree ,"w")
        io.output(OUT)
        io.write(Head)

        for i=1,#CollHeads do
            io.write(GB2UTF8("Root->"...GetWord(CollHeads[i])..."\n"))
            Rs=GetUnitKVs(CollHeads[i],"RSub"..Name)
            for j=1,#Rs do
                Units=GetUnitKVs(CollHeads[i],"USub"...Name...
"-"...Rs[j])
                MaxScore=-10
                BestUnit=""
                for m=1,#Units do
                    Score=GetScoreR(CollHeads[i],Units[m],Rs[j])
                    if Score > MaxScore then
                        MaxScore=Score
                        BestUnit=Units[m]
                    end
```

```
                end
                if BestUnit ~= "" then
                    Score=GetScoreR(CollHeads[i],BestUnit,Rs[j])
                    Label=string.format("\\n%d",Score)
                  io.write(GB2UTF8(GetWord(CollHeads[i])..."->"...
GetWord(BestUnit)..."[label=\""...Rs[j]...Label..."\"]\n"))
                end

            end
        end
        io.write("}\n")
        io.close(OUT)

        Cmd=DotPath.."dot -Tpng "...Tree..." -o "...Graph
        os.execute (Cmd)
        Cmd="del "...Tree
        os.execute (Cmd)

end

```

6.5.2 数据表

数据表示例如下。

数据表 6–5

```
Table Role_Event
#Global Coll=[Aid]
打进 Coll=[A0 A1] Coll-A0=[Tab_Person]
起脚 Coll=A0 Coll-A0=[Tab_Person]

Table Tab_Person
POS=nr
Tag=Person

Table A1_打进
球 Dependent=[A0:POS=nr]
球门

Table Aid_打进
起脚 feature=Share Share=A0:A0
由 feature=PP PP=A0
被 feature=PP PP=A0
```

数据表 6-6

```
Table Merge_Entry
- Entry=Score
: Entry=Score
比 Entry=Score
第 Entry=Order
亚军 No=2
冠军 No=1
季军 No=3
上半场 Entry=Time
下半场 Entry=Time

Table Num_List
0
1
2
3
4
5
6
7
8
9
一
二
三
四
五
六
七
八
九
十
```

6.5.3 有限状态自动机

有限状态自动机示例如下。

FSA 6-5

```
FSA Arg
#Include ThisLib
#Param Order=No
#Entry EntryEvent=[URoot]
```

```

UEntry=$Role EntryEvent
{
   Role=GetParam("Role")
   UnitCurrent=GetUnit(0)
   UnitEntry=GetUnit(-1)
   if Role == "Aid" then
       FeatureAid(UnitEntry,UnitCurrent,Role)
   else
       FeatureDistance(UnitEntry,UnitCurrent,Role)
       FeatureOrder(UnitEntry,UnitCurrent,Role)
       FeatureBound(UnitEntry,UnitCurrent,Role)
       FeatureDependent(UnitEntry,UnitCurrent,Role)
       FeatureChunkPos(UnitEntry,UnitCurrent,Role)
       FeatureChunkRole(UnitEntry,UnitCurrent,Role)
   end
}


FuncLib  ThisLib

S_Order=10
S_ChunkPos=10
S_sbj=10
S_obj=10
S_PP=50
S_VOBJ=50
S_Share=50
S_SameGroup=30
S_SameClause=10
S_SameChunk=40
S_Dependent=60


function GetFromTo(UnitEntry)
   local From=GetUnitKV(UnitEntry,"From")
   local To=GetUnitKV(UnitEntry,"To")
   return From,To
end

function FeatureDistance(UnitEntry,UnitCurrent,Role)
   FromE,ToE=GetFromTo(UnitEntry)
   FromC,ToC=GetFromTo(UnitCurrent)
   if FromE > FromC then
```

```
            Dist=FromE-ToC
        else
            Dist=FromC-ToE
        end
        module.AddFeatureR(UnitEntry,UnitCurrent,Role,"Distance",
-Dist)
    end
    function FeatureOrder(UnitEntry,UnitCurrent,Role)
        if Role == "A0" and IsUnit(UnitCurrent,"URightSent="..
UnitEntry) then
            module.AddFeatureR(UnitEntry,UnitCurrent,Role,
"Order",S_Order)
        elseif  Role == "A1" or  Role == "A2"  then
            if IsUnit(UnitCurrent,"ULeftSent="..UnitEntry)  then
                module.AddFeatureR(UnitEntry,UnitCurrent,Role,
"Order",S_Order)
            end
        end
    end
    function FeatureBound(UnitEntry,UnitCurrent,Role)
        if IsUnit(UnitCurrent,"ClauseID="..UnitEntry) then
            module.AddFeatureR(UnitEntry,UnitCurrent,Role,
"SameClause",S_SameClause)
        end
        if IsUnit(UnitCurrent,"ChunkID="..UnitEntry) then
            module.AddFeatureR(UnitEntry,UnitCurrent,Role,
"SameChunk",S_SameChunk)
        end
        if IsUnit(UnitCurrent,"GroupID="..UnitEntry) then
            module.AddFeatureR(UnitEntry,UnitCurrent,Role,
"SameGroup",S_SameGroup)
        end
    end
    function FeatureChunkPos(UnitEntry,UnitCurrent,Role)
```

```
    if IsUnit(UnitCurrent,"ChunkPos=End") then
        module.AddFeatureR(UnitEntry,UnitCurrent,Role,
"ChunkHead",S_ChunkPos)
    end
end

function FeatureChunkRole(UnitEntry,UnitCurrent,Role)
    if Role == "A0" and IsUnit(UnitCurrent,"UChunk:RHead=
sbj") then
        module.AddFeatureR(UnitEntry,UnitCurrent,Role,
"DepSub-SBJ",S_sbj)
    elseif Role == "A1" or Role == "A2" then
        if IsUnit(UnitCurrent,"UChunk:RHead=obj") then
            module.AddFeatureR(UnitEntry,UnitCurrent,Role,
"DepSub-OBJ",S_obj)
        end
    end
end


function Split(str, sep)
    local sep, fields = sep or ":", {}
    local pattern = string.format("([^%s]+)", sep)
    str:gsub(pattern, function (c) fields[#fields + 1] =
c end)
    return fields
end

function FeatureAid(UnitEntry,UnitCurrent,Role)
    Info=GetRelationKVs(UnitEntry,UnitCurrent,Role,
"feature")
    for i=1,#Info do
        Features=GetRelationKVs(UnitEntry,UnitCurrent,Role,
Info[i])
        for j=1,#Features do
            if Info[i] == "PP" then
                Units=GetUnits(UnitCurrent,"UChunkUnits",
"UHeadColl-"...Features[j]..."="...UnitEntry)
                for k=1,#Units do
                    module.AddFeatureR(UnitEntry,Units[k],
 Role,"PP",S_PP)
                end
            elseif Info[i] == "VOBJ" then
                Units=GetUnits(UnitCurrent,"USubDep-obj:
```

```
UChunkUnits","UHeadColl-"...Features[j]..."="...UnitEntry)
                    for k=1,#Units do
                        module.AddFeatureR(UnitEntry,Units[k],
Role,"PP",S_VOBJ)
                    end

                elseif Info[i] == "Share" then
                    Items=Split(Features[j], ":")
                    if #Items == 2 then
                        UnitShare=GetUnits(UnitCurrent,
"USubColl-"...Items[1],"UHeadColl-"...Items[2]..."="...UnitEntry)
                        for k=1,#UnitShare do
                            module.AddFeatureR(UnitCurrent,
UnitShare[k],Items[1],"Share",S_Share)
                            module.AddFeatureR(UnitEntry,
UnitShare[k],Items[2],"Share",S_Share)
                        end
                    end

                end
            end
        end
end

function FeatureDependent(UnitEntry,UnitCurrent,Role)
    Dependents=GetRelationKVs(UnitEntry,UnitCurrent,Role,
"Dependent")
        for K,Dep in pairs(Dependents) do
        Items=Split(Dep, ":")
        if #Items == 2 then
            Units=GetUnits(UnitEntry,"USubColl-"...
Items[1],Items[2])
            if #Units ~= 0 then
                module.AddFeatureR(UnitEntry,UnitCurrent,
Role,"Dependent",S_Dependent)
                for i=1,#Units do
                    module.AddFeatureR(UnitEntry,Units[i],
Items[1],"Dependent",S_Dependent)
                end
            end
        end
    end
end

```

FSA 6-6

```
FSA Merge
#Param MaxLen=Yes Nearby=Yes Bound=Clause
#Entry EntryScore=[Entry=Score]
#Entry EntryOrder=[Entry=Order]
#Entry EntryTime=[Entry=Time]

+Num_List EntryScore +Num_List
{
      Unit=Reduce(0,-1)
      AddUnitKV(Unit,"Tag","Score")
}


EntryOrder +Num_List
{
      Unit=Reduce(0,-1)
      AddUnitKV(Unit,"Tag","No")
}

EntryTime [(Char=HZ +Num_List) +Num_List]
{
      Unit=Reduce(0,-1)
      AddUnitKV(Unit,"Tag","Time")
}
```

6.5.4 运行结果

代码 6-5、代码 6-6 运行结果如下。

```
接到 传球  A0  Feature-Distance    -4
接到 传球  A0  Feature-SameClause  10
接到 传球  A0  Feature-SameGroup   30
接到 传球  A0  Feature-ChunkHead   10
接到 李明  A0  Feature-Distance    -1
接到 李明  A0  Feature-Order   10
接到 李明  A0  Feature-SameClause  10
接到 李明  A0  Feature-SameGroup   30
接到 李明  A0  Feature-ChunkHead   10
接到 李明  A0  Feature-DepSub-SBJ  10
起脚 李明  A0  Feature-Distance    -9
起脚 李明  A0  Feature-Order   10
起脚 李明  A0  Feature-SameGroup   30
```

```
14  起脚 李明  A0  Feature-ChunkHead   10
15  起脚 李明  A0  Feature-DepSub-SBJ  10
16  起脚 射门  A0  Feature-Distance    -1
17  起脚 射门  A0  Feature-SameClause  10
18  起脚 射门  A0  Feature-SameGroup   30
19  起脚 射门  A0  Feature-ChunkHead   10
20  起脚 王海  A0  Feature-Distance    -5
21  起脚 王海  A0  Feature-Order   10
22  射门 李明  A0  Feature-Distance    -11
23  射门 李明  A0  Feature-Order   10
24  射门 李明  A0  Feature-SameGroup   30
25  射门 李明  A0  Feature-ChunkHead   10
26  射门 李明  A0  Feature-DepSub-SBJ  10
27  射门 起脚  A0  Feature-Distance    -1
28  射门 起脚  A0  Feature-Order   10
29  射门 起脚  A0  Feature-SameClause  10
30  射门 起脚  A0  Feature-SameGroup   30
31  射门 起脚  A0  Feature-ChunkHead   10
32  破     门 A0  Feature-Distance    -5
33  破     门 A0  Feature-SameClause  10
34  破     门 A0  Feature-SameGroup   30
35  破     门 A0  Feature-ChunkHead   10
36  破     李明  A0  Feature-Distance    -14
37  破     李明  A0  Feature-Order   10
38  破     李明  A0  Feature-SameGroup   30
39  破     李明  A0  Feature-ChunkHead   10
40  破     李明  A0  Feature-DepSub-SBJ  10
41  打     球  A0  Feature-Distance    -9
42  打     球  A0  Feature-SameClause  10
43  打     球  A0  Feature-SameGroup   30
44  打     球  A0  Feature-ChunkHead   10
45  打     李明  A0  Feature-Distance    -21
46  打     李明  A0  Feature-Order   10
47  打     李明  A0  Feature-SameGroup   30
48  打     李明  A0  Feature-ChunkHead   10
49  打     李明  A0  Feature-DepSub-SBJ  10
50  进     上半场   A0  Feature-Distance    -2
51  进     上半场   A0  Feature-SameClause  10
52  进     上半场   A0  Feature-SameGroup   30
53  进     李明  A0  Feature-Distance    -22
54  进     李明  A0  Feature-Order   10
55  进     李明  A0  Feature-SameGroup   30
56  进     李明  A0  Feature-ChunkHead   10
57  进     李明  A0  Feature-DepSub-SBJ  10
```

```
58    打进 李明   A0   Feature-Distance     -21
59    打进 李明   A0   Feature-Order    10
60    打进 李明   A0   Feature-SameGroup    30
61    打进 李明   A0   Feature-ChunkHead    10
62    打进 李明   A0   Feature-DepSub-SBJ   10
63    打进 王海   A0   Feature-Distance     -17
64    打进 王海   A0   Feature-Order    10
65    接到 传球   A1   Feature-Distance     -4
66    接到 传球   A1   Feature-Order    10
67    接到 传球   A1   Feature-SameClause   10
68    接到 传球   A1   Feature-SameGroup    30
69    接到 传球   A1   Feature-ChunkHead    10
70    接到 传球   A1   Feature-DepSub-OBJ   10
71    接到 李明   A1   Feature-Distance     -1
72    接到 李明   A1   Feature-SameClause   10
73    接到 李明   A1   Feature-SameGroup    30
74    接到 李明   A1   Feature-ChunkHead    10
75    起脚 李明   A1   Feature-Distance     -9
76    起脚 李明   A1   Feature-SameGroup    30
77    起脚 李明   A1   Feature-ChunkHead    10
78    起脚 射门   A1   Feature-Distance     -1
79    起脚 射门   A1   Feature-Order    10
80    起脚 射门   A1   Feature-SameClause   10
81    起脚 射门   A1   Feature-SameGroup    30
82    起脚 射门   A1   Feature-ChunkHead    10
83    射门 李明   A1   Feature-Distance     -11
84    射门 李明   A1   Feature-SameGroup    30
85    射门 李明   A1   Feature-ChunkHead    10
86    射门 起脚   A1   Feature-Distance     -1
87    射门 起脚   A1   Feature-SameClause   10
88    射门 起脚   A1   Feature-SameGroup    30
89    射门 起脚   A1   Feature-ChunkHead    10
90    破      门 A1   Feature-Distance     -5
91    破      门 A1   Feature-Order    10
92    破      门 A1   Feature-SameClause   10
93    破      门 A1   Feature-SameGroup    30
94    破      门 A1   Feature-ChunkHead    10
95    破      门 A1   Feature-DepSub-OBJ   10
96    破      李明   A1   Feature-Distance     -14
97    破      李明   A1   Feature-SameGroup    30
98    破      李明   A1   Feature-ChunkHead    10
99    打      球 A1   Feature-Distance     -9
100   打      球 A1   Feature-Order    10
101   打      球 A1   Feature-SameClause   10
```

```
打    球 A1   Feature-SameGroup    30
打    球 A1   Feature-ChunkHead    10
打    球 A1   Feature-DepSub-OBJ   10
打    李明   A1   Feature-Distance     -21
打    李明   A1   Feature-SameGroup    30
打    李明   A1   Feature-ChunkHead    10
进    上半场    A1   Feature-Distance     -2
进    上半场    A1   Feature-Order    10
进    上半场    A1   Feature-SameClause   10
进    上半场    A1   Feature-SameGroup    30
进    上半场    A1   Feature-DepSub-OBJ   10
进    李明   A1   Feature-Distance     -22
进    李明   A1   Feature-SameGroup    30
进    李明   A1   Feature-ChunkHead    10
```

代码6-5的运行结果（组块依存图）如图6-5所示，代码6-5的运行结果（候选论元模型输出结果）如图6-6所示，代码6-5的运行结果（本地计算的候选论元）如图6-7所示，代码6-5的运行结果（论元计算结果）如图6-8所示。

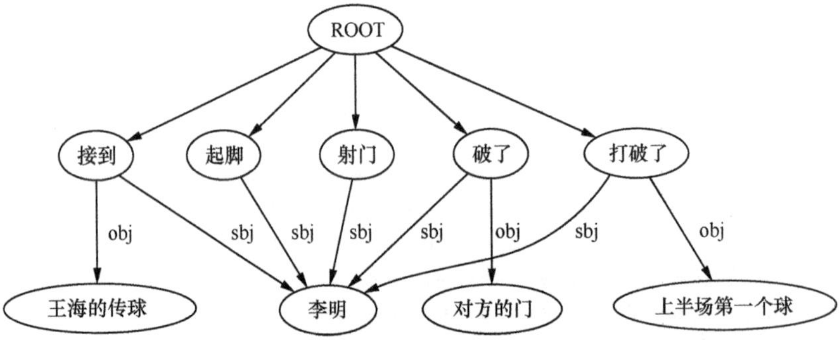

图6-5 代码6-5的运行结果（组块依存图）

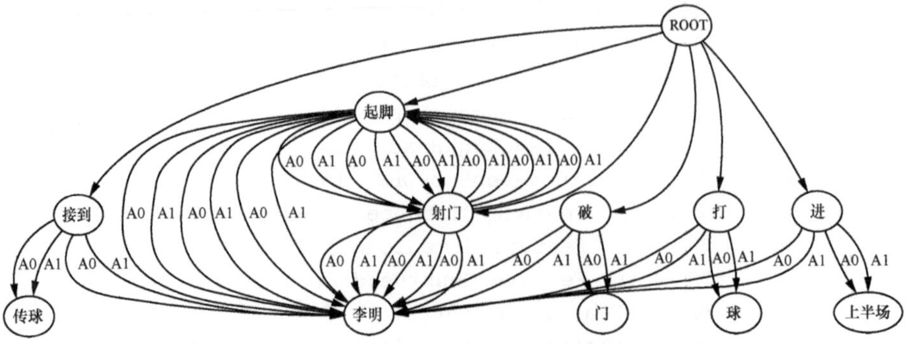

图6-6 代码6-5的运行结果（候选论元模型输出结果）

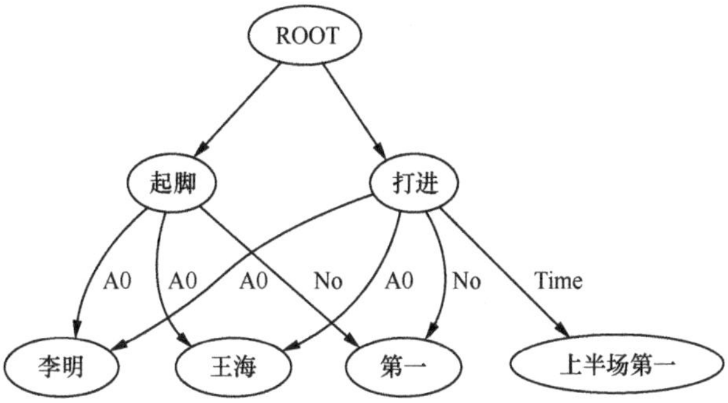

图 6-7　代码 6-5 的运行结果（本地计算的候选论元）

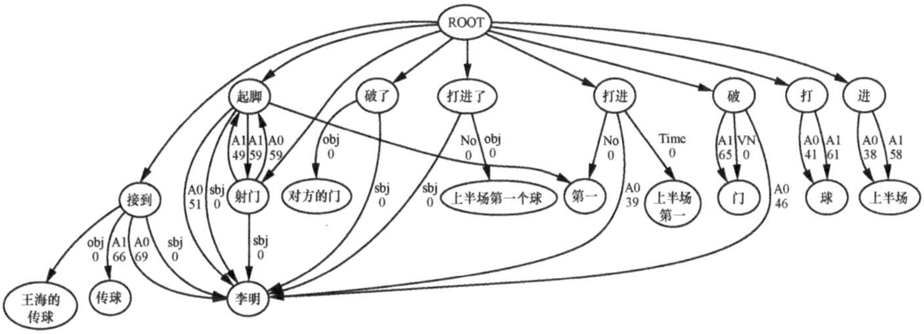

图 6-8　代码 6-5 的运行结果（论元计算结果）

6.5.5　解释说明

代码 6-5 的具体说明如下。

第 7 ～ 11 行，分别调用组块依存服务和分词词性标注服务，并将其各自返回的结果导入网格中。其返回结果作为初始语言结构服务于特征添加模块。

第 15 行，使用 SimService 函数（见本代码的第 34 ～ 58 行）对分词词性标注结果进行处理，得到语义角色候选识别服务的输入数据。

第 16 行，调用语义角色候选识别服务，得到事件词的候选论元。

第 17 行，将结果导入网格中，即构建起事件词和候选论元之间的二元关系。

第 19 行，使用 API 函数 Relate 应用关系型数据表“Role_Event”，包括将“Role_Event”中的数据项及其属性信息导入网格中，构建主表“Role_Event”和其从表数据项之间的二元关系，并将从表中的属性添加到关系属性中。关系型数据表“Role_Event”存放了事件词及其可能的论元之间的二元搭配知识，将其导入网格中，进一步完善了事件词的候选论元。

第 21 ～ 23 行，执行有限状态自动机“Arg”，为不同的论元关系添加特征。

第 25 行，生成组块依存结构图。

第 26 行，生成语义角色候选识别服务添加的二元关系图。

第 27 行，生成关系型数据表“Role_Event”导入的二元关系图。

第 30 行，根据关系来源“Role_Event”下特征分数最高的所有二元关系，生成关系图。

代码 6-6 的具体说明如下。

代码 6-6 为 module 函数库，在总控脚本中通过“require”调用，即可使用其中的函数。

第 1 ～ 16 行，module.AddFeatureR 函数的脚本实现，其主要功能是：为二元关系（UnitEntry,UnitCurrent,Role）添加特征 feature 及分数 score，当该二元关系已经存在 feature 特征时，则分数累加。

第 18 ～ 30 行，module.GetFeatureR 函数的脚本实现，其主要功能是：取得二元关系（UnitEntry,UnitCurrent,Role）的全部特征及其分数。

第 32 ～ 45 行，module.GetScoreR 函数的脚本实现，其主要功能是：取得二元关系（UnitEntry,UnitCurrent,Role）的全部特征分数的加和。

第 47 ～ 103 行，module.DrawResult 函数的脚本实现，其主要功能是：根据关系来源 Name 下特征分数最高的所有二元关系，生成关系图。

数据表 6-5 的具体说明如下。

第 1 ～ 4 行，定义了名为“Role_Event”的数据表，存放了事件词及其具有的论元关系，并作为关系型数据表主表，指明与其具有论元关系的从表。

其中，第 1 行，“Table”为保留字，其后为表名“Role_Event”。

第 2 行，“#Global”为保留字，其后为全局属性“Coll=[Aid]”，表示该数据表内所有数据项均具有“Aid”关系，作为事件词论元确定的特征。

第 3 行，数据项“打进”，其属性为“Coll=[A0 A1]”和“Coll-A0=[Tab_Person]”，分别表示“打进”具有“A0”和“A1”两种论元关系，与“打进”形成“A0”

论元关系的从表为“Tab_Person”。

第 6 ～ 8 行，定义了名为“Tab_Person”的数据表，其数据项均为键值表达式形式，表示所有满足键值表达式的网格单元。

第 10 ～ 12 行，定义了名为“A1_ 打进”的数据表，表示该数据表中的数据项与“打进”构成“A1”关系。

其中，第 11 行，数据项“球”，其属性“Dependent=[A0:POS=nr]”用于为论元关系的确定提供三元搭配特征，表示对于候选论元关系“(打进，球，A1)”，如果“打进”一词的“A0”关系候选词具有“POS=nr”属性，则为这两个候选论元关系均添加三元搭配特征。该属性的具体应用方法可以参阅 FSA 6-5 函数库的 FeatureDependent 函数。

第 14 ～ 17 行，定义了名为“Aid_ 打进”的数据表，其数据项为“打进”一词的论元确定提供框式和事理特征，其具体用法可以参阅 FSA 6-5 函数库的 FeatureAid 函数。

FSA 6-5 的具体说明如下。

第 1 ～ 21 行，有限状态自动机 Arg 的脚本，用于识别事件词和候选论元，并为每组候选二元关系添加特征。

其中，第 6 行，识别事件词和候选论元的上下文内容，EntryEvent 为预对齐节点，匹配事件词；“UEntry=$Role”匹配候选论元。其中，“$Role”根据 RunFSA 传入参数的不同而作相应的替换。

第 8 ～ 10 行，分别取得关系名、候选论元单元以及事件词单元。

第 11 ～ 20 行，根据是否为论元关系执行不同的操作。当关系名为“Aid”时，即如果是非论元关系，则需要特殊处理，执行 FeatureAid 函数，否则，均以当前取得的事件词、候选论元，以及论元关系为对象，对其特征逐一考察，并添加相应的特征及分数。

第 24 ～ 179 行，当前 FSA 文件的函数库，在 Operation 中调用为候选论元添加多源特征及分数。

第 26 ～ 36 行，用户预定义的特征分数。

第 45 ～ 56 行，为距离特征（FeatureDistance）添加函数，根据候选论元与事件词间隔的字数为其添加距离特征及分数；第 59 ～ 71 行，为语序特征（FeatureOrder）添加函数，对在事件词左侧的主体候选论元和在事件词右侧的客体候选论元添加语序特征及分数；第 74 ～ 89 行，为句法特征（FeatureBound）添加函数，如果事件词和候选论元在同一小句内、同一组块中或同一自足结构中，则为候选论元添加对应特征及分数；第 92 ～ 97 行，为句法特征（FeatureChunkPos）添加函数，如果候选论元是其所在组块的核心词，则为其添加该特征及分数；第 99 ～ 110 行，为句法特征（FeatureChunkRole）添加函数，当主体论元是事件词的句法主语，或客体论元是事件词的句法宾语，则为其添加对应的特征及分数；第 121 ～ 159 行，为框式和事理特征（FeatureAid）添加函数，对于与介词框在同一个组块中候选论元、作为动词框宾语的候选论元，以及满足事理特征的候选论元，为其添加对应的特征及分数。

第 161 ～ 179 行，为三元搭配特征（FeatureDependent）添加函数，两个论元角色之间具有相互制约、相互依存的关系。这一关系以“Dependent=[Role:KV]”的形式写在数据表中，如果当前事件词的两个候选论元满足该依存关系，则为这两个候选论元均添加这一特征及分数。

用户可以根据具体场景自定义添加上述特征及分数，一般情况下，更普遍的做法是，添加特征后交由特征决策模型确定论元。

参考文献

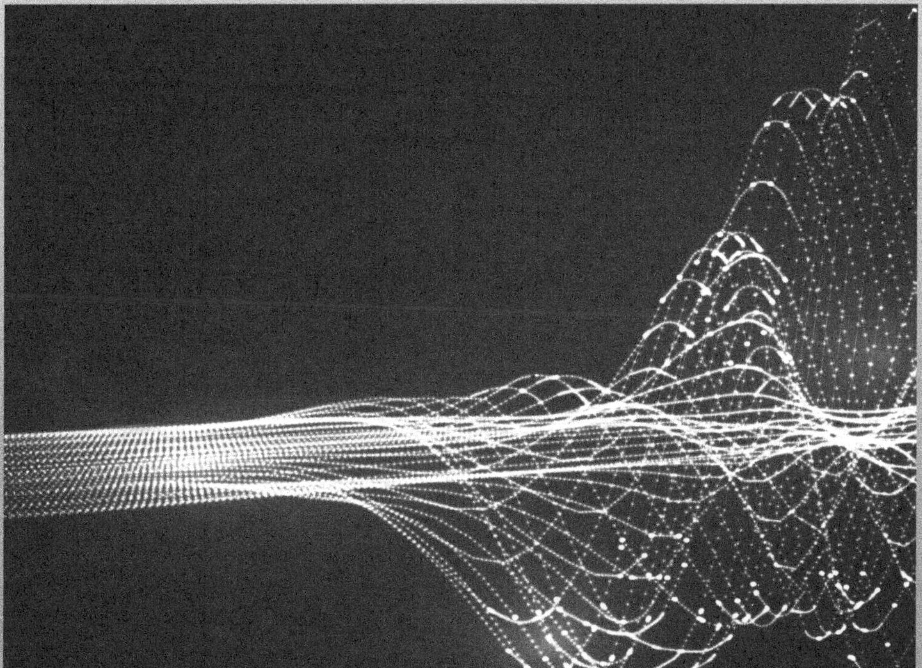

[1] Mcrve En，陈养铃 . 句法—语义接口 [J]. 国外语言学，1993(2):30-38+29.

[2] 白硕 . 闲话语义合集 [M]. 理深科技时评，2020.

[3] 曹火群 . 题元角色：句法—语义接口研究 [D]. 上海外国语大学，2009.

[4] 董振东，董强 . 知网和汉语研究 [J]. 当代语言学，2001(1): 33-44.

[5] 范晓 . 三个平面的语法观 [M]. 北京：北京语言大学出版社，1998.

[6] 冯志伟，Daniel Jurafsky, James H. Martin, 自然语言处理综论 [M]. 北京：电子工业出版社，2018.

[7] 胡壮麟 . 语言学教程 [M]. 北京：北京大学出版社，1988.

[8] 黄伯荣，廖序东 . 现代汉语 [M]. 北京：高等教育出版社，1991.

[9] 李霓 . 索绪尔的二元符号观和语义三角理论：继承与发展 [J]. 外语学刊，2013(6):4.

[10] 刘奇 . 基于 FPGA 的 RNN 硬件实现与自然语言处理 [D]. 北京理工大学，2018.

[11] 鲁川 . 汉语语法的意合网络 [M]. 北京：商务印书馆，2001.

[12] 陆俭明 . 现代汉语语法研究教程 [M]. 北京：北京大学出版社，2003.

[13] 彭利贞，许国萍，赵微 . 认知语言学导论 [M]. 上海：复旦大学出版社，2019.

[14] 束定芳，田臻 . 语义学十讲 [M]. 上海：上海外语教学出版社，2019.

[15] 孙道功 . 基于大规模语义知识库的“词汇—句法语义”接口研究 [J]. 语言文字应用，2016(2):125-134.

[16] 邵敬敏 . 关于语法研究中三个平面的理论思考——兼评有关的几种理解模式 [J]. 南京师大学报（社会科学版），1992(4):65-71.

[17] 萧国政 . 语法事件与语义事件——面向人工智能的语言研究 [J]. 长江学

术，2020(2):83–98.

[18] 熊学亮 . 简明语用学教程 [M]. 上海：复旦大学出版社，2008.

[19] 叶蜚声 . 徐通锵 . 语言学纲要 [M]. 北京：北京大学出版社，1981.

[20] 袁毓林 . 基于认知的汉语计算机语言学研究 [M]. 北京：北京大学出版社，2008.

[21] 袁毓林 . 汉语配价语法研究 [M]. 北京：商务印书馆，2010.

[22] 张斌 . 现代汉语描写语法 [M]. 北京：商务印书馆，2010.

[23] 郑婕 . NLP 汉语自然语言处理原理与实践 [M]. 北京：电子工业出版社，2017.

[24] 朱德熙 . 语法讲义 [M]. 北京：商务印书馆 . 1982.